U0159959

# EPC工程总承包

## ——广西国际壮医医院工程管理实践

徐长春　主编

中国建筑工业出版社

**图书在版编目（CIP）数据**

EPC 工程总承包：广西国际壮医医院工程管理实践 /
徐长春主编 . —北京：中国建筑工业出版社，2021.12
ISBN 978-7-112-26516-9

Ⅰ.①E… Ⅱ.①徐… Ⅲ.①医院—建筑工程—工程
管理—研究—广西 Ⅳ.①TU246.1

中国版本图书馆 CIP 数据核字（2021）第 179685 号

责任编辑：王砾瑶　范业庶
责任校对：党　蕾

EPC 工程总承包
——广西国际壮医医院工程管理实践
徐长春　主编

\*

中国建筑工业出版社出版、发行（北京海淀三里河路 9 号）
各地新华书店、建筑书店经销
逸品书装设计制版
北京中科印刷有限公司印刷

\*

开本：787 毫米×1092 毫米　1/16　印张：14¾　字数：235 千字
2021 年 12 月第一版　　2021 年 12 月第一次印刷
定价：**69.00** 元
ISBN 978-7-112-26516-9
（38056）

# 编 委 会

主　　编：徐长春

副 主 编：龙文波　卢　尤　朱雯雯　李红祥　何仍斌
　　　　　梁亮亮　邓勇杰　闫　越　刘海清　冯　超
　　　　　陆　羽

编写成员：梁锦坤　周逸仙　张霄云　滕　智　田　莹
　　　　　韦迪森　李兆康　覃华龙　梁希瑶　李常兴
　　　　　元　野　余　军　黄定慧　黄洛红　陈元罡
　　　　　黄夏维　周海发　赖　喆　万顺路　周　津
　　　　　蒋咏涛　韦有富　黄富新　高　一　陆冬盛
　　　　　黄境将　刘　丰

# 前　言

工程总承包就是设计、采购、施工一体化，指承包商受业主委托，按照合同约定对工程建设项目的设计、采购、施工、试运行等实行全过程或若干阶段的承包。项目采用EPC模式建设的比例在逐年增加，是新型的红利模式，从开始1999年的3500亿元到2020的26.8万亿元，预计2021年可以达到29万亿元。究其原因来自两方面：一方面，我国EPC企业在竞争激烈的国际市场中不断提高经营水平；另一方面，政策支持体系对我国EPC的发展注入了新动力，使得EPC逐渐成为主流业务形式。

医疗建筑具有功能复杂、系统多、投资大、规模大、工期紧、要求高的特点，有其独特的专业性和复杂性，这使得医疗建筑建设的管理难度大大提高。EPC工程总承包建设模式具有责任明确、深度融合、目标可控、投资包干等特点。在医疗建筑整体项目建设中应用EPC工程总承包建设模式，由工程总承包商负责项目整体设计、建筑材料及机电设备的采购、工程施工，不仅可以保存项目范围属性的完整，提高设计、采购与施工的融合，更有利于保证医疗建筑项目完成度和实用性。

广西国际壮医医院项目是广西首个采用EPC工程总承包模式的大型综合性现代化医院，工程总承包商华蓝集团以客户需求为导向、以项目管理为中心、以产品建设为核心、以全过程一站式服务为基础，为项目业主提供了从项目前期咨询到后期智慧管理的全专业覆盖"一体化医疗建筑设计和管理"服务体系。项目在建设过程中充分发挥了设计施工深度融合的优势，有效提高了项目的建设质量并缩短了建设工期，斩获国内外多项奖项，以独有的"国壮速度"完成建设，提前交付使用。

本书从医疗建筑项目包含的内容、重点、难点及特点着手，重点阐述工程总承包商在落实项目前期管理与策划、报批报建、设计、施工、验收、BIM、装配式的应用等方面的内容，选用合适管理组织架构、应用新手段、采用全专业覆盖"一体化医疗建筑设计和管理"措施，从而达成项目的投资、质量、进度、安全等目标，本书重点通过广西国际壮医医院项目管理实践，探讨EPC工程总承包建设模式在医疗建筑项目的应用经验。

本书编写过程中融合了华蓝集团多年来在工程总承包和医疗建筑项目实施中的管理经验，凝聚了项目建设主管部门和各参建方的大量心血，是一部集工程总承包与医疗建筑项目设计、施工技术与实践经验总结为一体的专业参考书。两年半的时间里，编写组笔耕不辍，终成正果，深有感触，总结经验，献给各位同行，如有启示，深感荣幸。本书存在不当之处，真诚希望广大读者批评指正！

# 目　录

# 第1章 EPC工程总承包模式与医疗建筑

## 1.1 EPC工程总承包模式与其他建设模式

### 1.1.1 EPC工程总承包模式简介

工程总承包(Engineering Procurement and Construction, EPC)是指从事工程总承包的企业(以下简称工程总承包企业)受业主委托,按照合同约定对工程项目的勘察、设计、采购、施工、试运行(竣工验收)等实行全过程或若干阶段的承包,其模式参照图1.1-1。

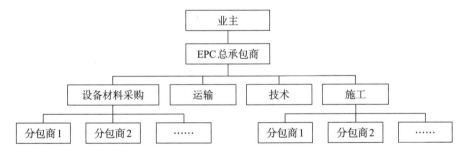

图1.1-1 EPC总承包模式示意图

总承包商的任务是遵循双方签订的合同规定,负责并完成该项目设计、供货、运输、土建安装和竣工试运行的全部工作,最终把工程移交给业主正常使用。与传统的承包模式相比,EPC模式中设计、采购和施工工作都是由总承包商完成,业主只需向总承包商明确提出工程成本与技术要求即可,其他的工作都交给总承包商实施,这种模式可以减轻业主的工作负担,降低业主承担的风险。由于所有的分包商都与总承包商对接联系,因此总承包商还要承担设计、工程质量、施工进度等方面的责任,绝大部分的风险都集中在总承包商身上。

### 1.1.2 传统建设模式与EPC工程总承包模式的对比分析

#### 1. 传统建设模式（DBB）

传统建设模式即"设计—招标投标—建造"模式，设计、施工分别通过招标来委托不同单位承担：建设单位与设计单位签订设计合同，设计单位负责工程项目的设计、施工设计文件等；图纸出具齐全后，建设单位依据设计要求，通过招标投标方式，选择最佳施工单位进行施工；在施工过程中，建设单位选择有资质的监理单位对施工全过程进行监督管理。

传统建设模式主要应用于房屋建筑工程，较少涉及大型、复杂设备的采购、安装。目前，传统模式在我国建设工程项目中仍占据主导地位。

传统建设模式主要有以下优点。

（1）建设单位可以自由选择设计、采购、施工、监理单位，各个单位分工明确，针对性和专业性强。

（2）传统建设模式在全世界应用广泛，已经过大量工程实际检验，具有成熟的规范制度和技术经验。

但是，传统建设模式存在以下局限性。

（1）传统建设模式的设计、采购、施工分阶段由不同单位独立完成，各个单位各自为营，设计、施工相脱离，缺乏统筹管理，各方易因利益不同或沟通不足，导致窝工、返工、投资超额、工期延长等现象。

（2）建设单位往往缺乏相关资质和专业能力，不能较好管理工程进度及质量，易因管理不当导致工期延长、成本增加。

（3）建设单位在设计、采购、施工阶段与不同单位签订合同，合同数量多，工程范围可能存在穿插、重复、遗漏等现象。若出现工程事故，责任主体不明确，会出现相互推诿等现象，从而延误工期、增加成本。

#### 2. 工程总承包模式（EPC）

EPC模式是工程总承包的一种具体体现形式，是国际上采用最广泛的一种工程总承包模式，因此很多人将EPC作为工程总承包的代名词。实际上，不能将工程总承包与EPC完全等同，因为除了EPC模式，工程总承包还包括设计—建造（D-B）等其他形式。

EPC总承包模式主要有以下优点。

（1）EPC总承包商负责整个项目的实施过程，不再以单独的分包商身份建设项目，有利于整个项目的统筹规划和协同运作，可以有效解决设计与施工的衔接问题，减少采购与施工的中间环节，顺利解决施工方案中的实用性、技术性、安全性之间的矛盾。

（2）工作范围和责任界限清晰，可以最大限度地将建设期间的责任和风险转移到总承包商。

（3）合同总价和工期固定，业主的投资和工程建设期相对明确，利于费用和进度控制。

（4）能够最大限度地发挥工程项目管理各方的优势，实现工程项目管理的各项目标。

（5）可以将业主从具体事务中解放出来，关注影响项目的重大因素，确保项目管理大方向的正确性。

但是，EPC总承包模式现阶段也存在以下不足：

（1）业主主要是通过EPC合同对EPC承包商进行监管，对工程实施过程参与程度低，控制力度较弱。

（2）业主将项目建设风险转移给EPC承包商，因此对承包商的选择至关重要，一旦承包商的管理或财务出现重大问题，项目也将面临巨大风险。

（3）EPC承包商责任大，风险高，因此承包商在承接总包工程时会考虑管理投入成本、利润和风险等因素，所以EPC总承包合同的工程造价水平一般偏高。

（4）与传统的建设模式区别比较大，传统行业的业主比较难以理解和配合承包商的工作。

目前，工程总承包模式主要应用于大型项目，尤其对于项目投资大、技术要求高、所需采购的机械设备复杂的工程项目。

### 1.1.3 EPC工程总承包国内外发展和趋势

EPC工程总承包模式的概念最早在20世纪80年代由美国提出，并在欧美等发达国家和地区迅速发展。2002年，美国建筑市场有40%采用了总承包模式，截至2016年，美国的工程总承包项目已占全国全部工程项目的50%以上，超过传统模式。英国皇家特许测量师协会（RICS）和李丁大学的研究表明，1996年，"设计—建造"模式在英国建筑承包市场的份额就已经达到了30%。根据美国设计—建造学会（Design Build Institution of America）的报告，2005年，国外工程建设项目采用EPC工程总承包的比例已到45%，此后工程总承包模式在欧美得到广泛应用。

1982年我国化工部在江西氨厂改尿素工程中使用了以设计为主导的工程总承包模式，自此，工程总承包模式在中国已发展了三十余年。虽然中国目前对工程总承包研究与应用取得了一定成果，但是相对于西方发达国家来说，工程总承包模式在我国的发展仍然较慢。

我国的建设模式最初参考苏联模式建立。中华人民共和国成立初期，我们的建设模式实行以建设单位为主的甲方（业主）、乙方（设计）、丙方（施工）三方分担制；20世纪60年代，实行以施工单位为主的大包干制；70年代，实行以部门和地方行政领导为主的工程指挥部模式；80年代，我国向世界银行贷款建设鲁布革水电站，建筑行业自此开始与世界接轨，向世界学习、引进先进的项目管理方法；80年代后期，我国主张宣传工程总承包模式，并开展试点工作，工程总承包模式在我国已发展了30余年。

中国建筑行业总承包模式的发展史包含以下几个阶段。

**1. 起步阶段**

1984年，工程总承包纳入国务院颁发的《关于改革建筑业和基本建设管理体制若干问题的暂行规定》，化工行业开始采用这一模式，积累相关经验。

**2. 明确总承包资质阶段**

1992年《工程总承包企业资质管理暂行规定（试行）》第一次通过行政法规，把工程总承包企业规定为建筑业的一种企业类型，1997年的《中华人民共和国建筑法》提倡对建筑工程进行总承包。

**3. 培育总承包能力阶段**

2003年《关于培育发展工程总承包和工程项目管理企业的指导意见》"鼓励具有工程勘察、设计或施工总承包资质的勘察、设计和施工企业""发展成为具有设计、采购、施工（施工管理）综合功能的工程公司""开展工程总承包业务""也可以组成联合体对工程项目进行联合总承包"。

**4. 推动总承包市场阶段**

2014年以来，住房和城乡建设部先后批准浙江、吉林、福建、湖南、广西、四川、上海、重庆、陕西等省份、自治区和直辖市开展工程总承包试点。2016年住房和城乡建设部在《关于进一步推进工程总承包发展的若干意见》中明确提出"深化建设项目组织实施方式改革，推广工程总承包制"，其中"建设单位在选择建设项目组织实施方式时，优先采用工程总承包模式，政府投资项目和装配式建筑积极采用工程总承包模式"。2017年国务院《关于促进建筑业持续健康发展的意见》，将"加快推行工程总承包"作为建筑业改革发展的重点之一，省市层面也纷纷出台文件，积极推进工程总承包模式。

**5. 完善总承包制度阶段**

2017年国家发布《建设项目工程总承包管理规范》，对总承包相关的管理作出了具体规定，随后相继出台了针对总承包施工许可、工程造价等方面的政策法规。2019年年底，住房和城乡建设部出台了《房屋建筑和市政基础设施项目工程总承包管理办法》，进一步明确了工程总承包范围、工程总承包项目发包和承包的要求、工程总承包单位条件、工程总承包项目实施要求、工程总承包单位的责任。

从国家发布的政策，我们可以看到政府主管部门对工程总承包模式价值的认识在逐步深入，推进的措施也越来越具体，在实际的建设市场，政府采用工程总承包发包的项目越来越多，正成为推动工程总承包市场发展的主要力量。此外，装配式建筑的推广应用以及BIM等信息技术的快速发展也将对这一组织实施方式的变革起到促进作用，工程总承包模式将成为未来建筑企业竞相争夺的领地。

### 1.1.4 EPC工程总承包相关政策汇总

党的十九大报告指出，中国特色社会主义进入新时代，我国经济已由高速增长阶段转向高质量发展阶段，正处在转变发展方式、优化经济结构、转换增长动能的攻关期。

对于我国建筑业来说，其规模的快速扩张正在成为传统建筑业面临的机遇和挑战，加快推行工程总承包模式已成为建筑业改革发展的重点任务。

为了促进建筑工程总承包管理规范化，国家先后颁布了相关政策文件及规范制度。2003年3月，建设部发布《关于培育发展工程总承包和工程项目管理企业的指导意见》(建市〔2003〕30号),明确了工程总承包的概念,阐述工程总承包的必要性和重要性,并提出进一步推行总承包模式的具体措施;2005年,建设部等六部委颁发《关于加快建筑业改革与发展的若干意见》(建制〔2005〕119号),该文提出,以工艺为主导的专业工程、大型公共建筑和基础设施等建设项目,应该大力推广工程总承包建设模式。2005年,国家出台《建设项目工程总承包管理规范》(GB/T 50358—2005)、《标准设计施工总承包招标文件》《建设项目工程总承包合同(示范文本)》等,进一步规范、指导了工程总承包管理及招标合约工作。

2016年后,国家相继发布了多项关于EPC的政策、意见和规范。2016年8月,住房和城乡建设部印发《住房城乡建设事业"十三五"规划纲要》,此后不久,住房和城乡建设部就开始出台了一系列政策,国家推进工程总承包的步伐明显加快、力度加大。截至2020年,国家及地方出台的工程总承包方面的政策已达100余项。近五年国家关于EPC的主要政策如表1.1-1所示,地方主要政策如表1.1-2所示。

近五年国家关于EPC工程总承包的主要政策 表1.1-1

| 时间 | 文件/会议 | 主要内容 |
|---|---|---|
| 2016.2.6 | 《关于进一步加强城市规划建设管理工作的若干意见》(中发[2016]6号) | 深化建设项目组织实施方式改革,推广工程总承包制,加强建筑市场监督,严厉查处转包和违法分包等行为,推进建筑市场诚信体系建设 |
| 2016.5.6 | 《关于同意上海等7省市开展总承包试点工作的函》(建办市函[2016]415号) | — |
| 2016.5.20 | 《关于进一步推进工程总承包发展的若干意见》(建市[2016]93号) | 意见明确"大力推进工程总承包,有利于提升项目可行性研究和初步设计深度,实现设计、采购、施工等各阶段工作的深度融合,提高工程建设水平" |
| 2016.8.23 | 《住房城乡建设事业"十三五"规划纲要》 | 大力推行工程总承包,促进设计、采购、施工等各阶段的深度融合 |
| 2017.2.8 | 新年第一次国务院常务会议 | 改进工程建设组织方式,加快推行工程总承包 |
| 2017.2.24 | 《关于促进建筑业持续健康发展的意见》 | 要求加快推行工程总承包,全面提出了加快推行工程总承包的各项具体要求 |
| 2017.4.26 | 住房和城乡建设部印发《建筑业发展"十三五"规划》 | "十三五"时期,要发展行业的工程总承包、施工总承包管理能力,培育一批具有先进管理技术和国际竞争力的总承包企业 |
| 2017.5.4 | 住房和城乡建设部发布公告 | 批准《建设项目工程总承包管理规范》(GB/T 50358—2017)为国家标准,自2018年1月1日起实施 |

续表

| 时间 | 文件/会议 | 主要内容 |
|---|---|---|
| 2017.7.18 | 《关于工程总承包项目和政府采购工程建设项目办理施工许可手续有关事项的通知》（建办市[2017]46号） | 明确了工程总承包项目的施工许可办理方法 |
| 2018.1.1 | 《建设项目工程总承包管理规范》（GB/T 50358—2017）正式实施 | — |
| 2018.3.27 | 《住房城乡建设部建筑市场监管司2018年工作要点》 | 计划出台《房屋建筑和市政基础设施项目工程总承包管理办法》，健全工程总承包管理制度 |
| 2018.12.12 | 住房城乡建设部办公厅《关于征求房屋建筑和市政基础设施项目工程总承包计价计量规范（征求意见稿）意见的函》（建办标函[2018]726号） | — |
| 2019.12.23 | 《关于印发房屋建筑和市政基础设施项目工程总承包管理办法的通知》（建市规[2019]12号） | 《房屋建筑和市政基础设施项目工程总承包管理办法》出台，并自2020年3月1日起施行 |
| 2020.3.1 | 《房屋建筑和市政基础设施项目工程总承包管理办法》 | 明确了工程总承包范围、工程总承包项目发包和承包的要求、工程总承包单位条件、工程总承包项目实施要求、工程总承包单位的责任 |

**近五年地方关于EPC工程总承包的主要政策**　　　　表1.1-2

| 时间 | 省、自治区、直辖市 | 政策文件 |
|---|---|---|
| 2016.3 | 浙江 | 《关于深化建设工程实施方式改革积极推进工程总承包发展的指导意见》（浙建[2016]5号） |
| 2016.5 | 深圳 | 《EPC工程总承包招标工作指导规则（试行）》（深建市场[2016]16号） |
| 2016.6 | 广西 | 《关于印发广西壮族自治区房屋建筑和市政基础设施工程总承包试点工作方案的通知》（桂建管[2016]41号） |
| 2016.7 | 广西 | 《关于规范推进工程总承包工作的通知》（桂发改投资[2016]906号） |
| 2016.8 | 四川 | 《四川省政府投资项目工程总承包试点工作方案》的通知（川建勘设科发[2016]644号） |
| 2016.12 | 湖北 | 《关于推进房屋建筑和市政公用工程总承包发展的实施意见（试行）》（鄂建[2016]9号） |
| 2017.1 | 广西 | 《关于推进广西房屋建筑和市政基础设施工程总承包试点发展的指导意见》（桂建管[2016]117号） |
| 2017.1 | 上海 | 《上海市工程总承包试点项目管理办法》 |
| 2017.3 | 上海 | 《建设工程招标投标管理办法》 |
| 2017.9 | 广西 | 《广西壮族自治区房屋建筑和市政基础设施工程总承包标准招标文件（2017年版）》（桂建发[2017]14号） |

续表

| 时间 | 省、自治区、直辖市 | 政策文件 |
|---|---|---|
| 2018.2 | 江苏 | 《江苏省房屋建筑和市政基础设施项目工程总承包招标投标导则》 |
| 2018.2 | 青海 | 《关于促进建筑业持续健康发展的实施意见》（青政办[2018]10号） |
| 2018.3 | 湖南 | 《湖南省房屋建筑和市政基础设施工程招标投标管理办法（征求意见稿）》 |
| 2018.3 | 广西 | 《房屋建筑和市政基础设施工程总承包管理实施细则》 |
| 2018.4 | 山东 | 《关于开展装配式建筑工程总承包招标投标试点工作的意见》 |
| 2018.4 | 湖北 | 《关于促进全省建筑业改革发展二十条意见》（鄂政发[2018]14号） |
| 2018.4 | 吉林 | 《关于促进建筑业改革发展的若干意见》（吉政办发[2018]12号） |
| 2018.5 | 海南 | 《关于促进建筑业持续健康发展的实施意见》（琼府办[2018]32号） |
| 2018.8 | 广西 | 《广西壮族自治区建筑工程施工许可管理实施细则（试行）》（桂建发[2018]12号） |
| 2018.10 | 陕西 | 《陕西省政府投资的房屋建筑和市政基础设施工程开展工程总承包试点实施方案》（陕建发[2018]332号） |
| 2018.11 | 河北 | 《河北省房屋建筑和市政基础设施工程总承包招标文件示范文本》 |
| 2019.11 | 广西 | 《广西壮族自治区房屋建筑和市政工程施工招标文件范本（2019年版）》（桂建管[2019]56号） |
| 2020.6 | 广西 | 《广西壮族自治区房屋建筑和市政基础设施项目工程总承包计价指导意见（试行）》（桂建发[2020]4号） |

截至2019年，国内31个省、自治区、直辖市中（不含港澳台），除了新疆，其他地区均有有关工程总承包或涉及工程总承包的地方性规范文件、指导文件出台。工程总承包项目不仅集中在化工、石油、冶金等工业工程，目前房屋建筑和市政基础设施工程也在积极开展工程总承包模式。住房和城乡建设部已同意全国多个省（自治区、直辖市）开展工程总承包试点，初步统计，全国已有300多家企业被确定为工程总承包试点企业。

对于国际项目，截至2019年9月，我国有75家企业进入2019年度全球最大250家国际承包商榜单，中国企业在2018年实现国际营业额1189.67亿美元，同比增长4.3%，占上榜企业国际营业总额的24.4%。我国对外承包业务遍布世界190多个国家和地区。

### 1.1.5 EPC工程总承包在广西的发展动态

为保障EPC工程总承包在广西的推广应用，广西出台了诸如关于推进工程总承包试点发展的指导意见，建筑工程、施工许可、管理实施细则，工程总承包招标文件范本、计价管理标准等系列制度文件，积极稳妥地加快推进工程总承包模式，并已取得了较大成效。

2016年5月，住房和城乡建设部下发了《关于同意上海等7省市开展总承包试点工作的函》，广西被列为国家第二批进行工程总承包试点的省份，此后，广西发布一系列政策、标准保障EPC工程总承包在广西顺利实施。截至2017年，广西在房屋建筑及市政基础设施领域有411个采用工程总承包方式的试点项目，项目投资近451亿元，项目集中在办公用房、保障性住房、学校、医院、文化场馆、生态宜民项目及市政基础设施等方面，参与工程总承包的区内外设计单位有51家，施工单位有81家。

2018年8月，广西住房和城乡建设厅印发《关于进一步加强房屋建筑和市政基础设施工程总承包管理的通知》(桂建发[2018]9号)，通知要求，建设范围、建设规模、建设标准、功能需求等前期条件较明确的政府和国有投资工程项目、装配式建筑、工程估算价总金额在5000万元人民币以上的非营利公益性项目，原则上应带头采用工程总承包建设模式，进一步加强工程总承包模式在广西的推广应用。

2019年11月，广西住房和城乡建设厅对《广西壮族自治区房屋建筑和市政基础设施工程总承包标准招标文件（2017年版）》进行修订，发布了《广西壮族自治区房屋建筑和市政工程施工招标文件范本（2019年版）》。

2019年12月，为推进工程总承包模式的发展，规范广西政府投资工程房屋建筑和市政基础设施项目工程总承包招标投标活动，结合广西实际情况，自治区住房和城乡建设厅起草了《关于规范我区政府投资工程房屋建筑和市政基础设施项目工程总承包发包及计价管理的通知》，并向社会广泛征集意见。2020年6月，该意见正式出台。

在多项政策鼓励下，广西近年来交付了多个采用EPC工程总承包模式进行建设的代表性公共建筑，如广西图书馆地方民族文献中心、广西新媒体中心（一期工程）、广西电子政务外网云计算中心、广西国际壮医医院等。

2016年3月5日，国务院总理李克强在《政府工作报告》中强调，要大力发展钢结构和装配式建筑，加快标准化建设，提高建筑技术水平和工程质量。此后，我国开始大力推广装配式建筑的应用与研究，而设计牵头的EPC工程总承包符合装配式建筑设计、施工一体化的特点。

2019年12月23日，住房和城乡建设部与国家发展改革委联合起草的《房屋建筑和市政基础设施项目工程总承包管理办法》出台，办法中列明装配式建筑原则上应采用工程总承包方式。

在工程总承包模式中，有经验的工程总承包商牵头进行总体协调，从方案开始阶段即按装配式建筑进行设计，并充分考虑施工、构件生产的需要，能保证设计的可行性。而且，EPC总承包管理模式可以实现BIM技术在装配式建筑全生命周期的应用。因此，在装配式建筑中大力推行EPC总承包模式，可以实现"造价可控、工期可控、质量可控"及BIM技术的全过程应用。

在国家和地方政策保障的大环境下，EPC工程总承包在广西得到快速发展。但是，也应看到我国的EPC工程总承包与国外相比还有较大差距，在政策、制度、营商环境、管理人员素质、管理软硬件等方面还要逐步探索加强。

华蓝集团也在积极探索EPC工程总承包、BIM技术在广西房屋建筑和市政基础配套设施以及装配式建筑中的应用。华蓝集团旗下的广西华蓝工程管理有限公司于2011年承接了广西第一个民用建筑工程总承包项目，作为广西工程总承包业务的领头羊，此后承接了多个自治区重点工程，并在多个项目中利用BIM技术进行辅助设计与管理，获得良好反响。

广西华蓝工程管理有限公司在实践中积极探索，在积累项目经验的同时，定期总结，并与高校、企业合作，进行EPC工程总承包、BIM技术、装配式建筑等相关理论研究，勇于创新、改进，努力探索符合广西发展现状的EPC工程总承包管理思路和经验。广西华蓝工程管理有限公司近五年EPC工程总承包代表性项目如表1.1-3所示。

近五年EPC工程总承包代表性项目列表 表1.1-3

| 序号 | 项目名称 | 建设规模（万m²） | 项目投资（亿元） | 项目状态 | 备注 |
|---|---|---|---|---|---|
| 1 | 广西人民广播电台技术业务综合楼工程 | 5 | 2.85 | 在建 | EPC+BIM |
| 2 | 防城港市沙潭江生态科技产业园启动区工程 | 5.4 | 6.89 | 在建 | EPC |
| 3 | 广西壮族自治区人民医院凤岭医院 | 11 | 3.03 | 在建 | EPC+BIM |
| 4 | 广西壮族自治区博物馆改扩建项目 | 3.3 | 1.92 | 在建 | EPC+BIM |
| 5 | 广西社会主义学院教学综合楼 | 2.6 | 0.89 | 在建 | EPC+BIM |

续表

| 序号 | 项目名称 | 建设规模<br>（万m²） | 项目投资<br>（亿元） | 项目状态 | 备注 |
|---|---|---|---|---|---|
| 6 | 广西群众艺术馆改扩建项目 | 6.9 | 0.43 | 在建 | EPC |
| 7 | 玉林市玉东新区实验小学 | 1.9 | 0.63 | 在建 | EPC |
| 8 | 崇左市东盟大道提升工程 | — | 2.14 | 在建 | EPC |
| 9 | 中国–马来西亚钦州产业园区地下综合管廊示范工程 | — | 2.23 | 在建 | EPC+BIM |
| 10 | 兴宁区五塘工业集中区基础设施项目 | — | 5.01 | 在建 | EPC |
| 11 | 南国乡村·农村综合旅游景区项目1.1期 | — | 5.03 | 在建 | EPC+BIM |
| 12 | 中国–东盟影视演艺中心项目一期工程 | 2.81 | 1.15 | 在建 | EPC+BIM |
| 13 | 广西医科大学附属五象新区医院项目 | 18.17 | 10.26 | 在建 | EPC+BIM |
| 14 | 南溪山医院住院八号楼项目 | 1.59 | 0.86 | 在建 | EPC+BIM |
| 15 | 河池市宜州区人民医院门诊综合大楼工程总承包工程项目 | 1.25 | 0.5 | 在建 | EPC+BIM |
| 16 | 柳州市柳江区中医医院整体搬迁项目工程总承包（EPC） | 5.88 | 1.94 | 在建 | EPC+BIM |
| 17 | 广西儿童医疗中心 | 11.06 | 7.31 | 在建 | EPC+BIM |
| 18 | 广西新媒体中心（一期工程） | 11.4 | 4.37 | 完工 | EPC+BIM |
| 19 | 广西电子政务外网云计算中心 | 7 | 2.6 | 完工 | EPC |
| 20 | 广西国际壮医医院 | 18.8 | 11.43 | 完工 | EPC+BIM |
| 21 | 广西建设职业技术学院新校区二期（教学楼和学生宿舍工程） | 4.9 | 1.68 | 完工 | EPC+BIM+<br>装配式 |
| 22 | 广西图书馆地方民族文献中心 | 2.3 | 1.11 | 完工 | EPC |
| 23 | 广西–东盟食品药品安全检验检测中心检验检测业务用房 | 1.6 | 0.55 | 完工 | EPC |
| 24 | 中国东盟技术转移中心 | 1.4 | 0.36 | 完工 | EPC |
| 25 | 广西党员干部现代远程教育科教信息园工程 | 1.5 | 1.23 | 完工 | EPC |
| 26 | 凤山县人民医院医技综合楼项目 | 1.3 | 0.48 | 完工 | EPC |
| 27 | 防城港市第五中学和文昌小学 | 3.5 | 0.7 | 完工 | BT+EPC |
| 28 | 自治区直属机关工委党校及广西行政学院区直机关分院 | 2 | 0.6 | 完工 | EPC |
| 29 | 防城港市第六中学 | 2.2 | 0.65 | 完工 | BT+EPC |
| 30 | 防城港·龙马明珠景区 | 4.6 | 1.15 | 完工 | EPC |
| 31 | 骆越大道 | — | 1.65 | 完工 | EPC |
| 32 | 崇善大道 | — | 0.9 | 完工 | EPC |

## ▩ 1.2 医疗建筑

### 1.2.1 医疗建筑简介

医疗建筑是指供医疗、护理病人之用的公共建筑。医疗建筑有别于一般建筑，被称为特殊建筑的一种。这一特殊性来源于医疗体系所具有的专业性、多样性、复杂性等。医疗建筑需要把复杂的医疗体系的专业知识与建筑专业知识结合起来，建筑物还要具备能够适应不断变化的医疗体系，能够预料医疗需求，具备能够适应现在和未来需要的功能。

医院通常分为科目较齐全的综合医院和专门治疗某类疾病的专科医院两类，在我国还有专门应用中国传统医学治疗疾病的中医院。专科医院有精神病医院、肺结核防治医院、传染病医院、儿童医院、妇幼保健医院、肿瘤医院、口腔医院、骨科医院、烧伤科医院、眼科医院、胸外科医院、颅脑医院和整形外科医院等。其中在建筑上较特殊和复杂的为精神病医院和肿瘤医院。

近年来，医疗事业从仅限于诊断治疗向预防、保健和康复医疗方面发展，预防医疗建筑、保健医疗建筑和康复医疗建筑因而相应地出现和发展。

### 1.2.2 医疗建筑的组成要素

医疗建筑主要包括六大功能和四条流线。

六大功能指的是门诊部、医技部、住院部、后勤部、行政办公及后勤服务。门诊部是医院的前沿和窗口，接待不需住院的非急重病人就诊和治疗。医技部集中设置主要诊断、治疗设施的部门。医技部是医院中发展变化可能性最大、改扩建最多的部分。住院部由出入院、住院药房和各科病房组成。后勤部为医疗辅助部门。行政办公包括院长办、接待、会议、医教、质检、医务、护理、财务、总务、文秘、人事、档案、电话通信、统计、计算中心、图书馆、研究室等。生活服务包括医生宿舍、职工食堂、家属住宅、幼托设施、商店、俱乐部等。

四条主要流线为：病人流线、医生流线、物资流线、后勤流线，各流线应保持独立。病人流线是关键，特别是急诊、传染病人的流线应控制在最短的情况，到急诊、手术、ICU等物流线也要考虑适当缩短。

### 1.2.3 医疗建筑特点

医疗基本建设项目属公共民用建筑，是最复杂的民用工程建设之一，医疗建筑不仅要符合建筑工程最基本的建筑、结构、基本设施设计、施工规范要求，还要符合医院诸多相关医疗专业规律与流程的要求。由于各医院性质、规模、地址、环境的差异性，无法用标准图集模式来复制建设，增加了变数。但其医疗质量、标准及流程要求，又具有"统一性"特点。

医疗建设项目具有规模大、投资高、建设周期长等特征。与其他类型民用建筑相比，医疗项目具有以下几种特性：

（1）功能相对复杂

包含门诊、急诊、医技、住院、办公、后勤保障、科研与教学七大功能，是民用建筑中相对最复杂的建筑之一。医疗项目构成复杂，医院服务标准要求较高，专业性较强。

（2）工艺流线相对复杂

（3）智能化相对复杂

医院内有设备管理系统、公共安全系统、信息设施系统、医疗专项系统等共30多个子系统。

（4）设备构成相对繁多

不仅有常规的电梯、空调、锅炉、变压器、太阳能等建筑设备，同时还需考虑MR、DR、CT、DSA、直线加速器、高温灭菌炉、空压机、制氧机、高压氧舱等医疗相关设备。

（5）专项系统相对复杂

含有洁净工程、医用气体、中央纯水、物流传输、污水处理、放射防护、实验室工艺、厨房工艺等八大保障医疗业务正常开展的专项系统。

（6）运行系统相对复杂

水电空调系统庞大，运行成本较高，根据2016年8月1日起执行的《绿色医院建筑评价标准》（GB/T 51153—2015）要求，需要较广泛的考虑节能、节水、节地、节材等绿色建筑技术的利用和满足与项目申报星级匹配的指标。

新时代医疗建设项目的突破与创新紧跟医学科技发展需求，与不断更新的医疗建筑规范标准融合，对传统项目管理提出了新的要求与挑战。

业务用房功能布局需适应新时代医疗"一门式"服务的模式；医疗流程的设计需配合"医生围着病人转"的就诊模式；医工融合科研成果转化功能需要现代高端科技和最新工程技术的结合；多学科MDT模式互动要求医疗建筑能合理体现中心资源的配置。

### 1.2.4 医疗建筑发展方向

根据近年来精准医学、转换医学、信息医学和整合医学的飞速发展，现代化的医疗建筑不再盲目追求规模和体量的增长，向高质效型建筑转换，在政府宏观规划政策的调节下有限增长，推动了注重内涵的可持续建筑模式的发展。

我国医疗建设的发展趋势将由单一的医疗功能，转变为多元的服务，实现一站式体验。如商业、休闲、交际等场所可以适应未来灵活的变化：如功能的转变，模块化的柱网、均衡布局交通空间来适应未来的变化、层高的加大满足功能即为合格"产品"，在此基础上升华设计及管理，使之成为有文化内涵的医院"作品"。现代医院建设方向也将转向舒适的医疗环境，突破传统、立足创新。

目前大型医疗建设项目实施过程中普遍存在业主（院方）专业管理能力偏低、业主方各主体集成度不高、项目目标偏离、招标投标标段划分模糊重叠、沟通决策迟缓延误工期和项目控制能力差等问题，业内人士提倡在医疗建设项目中推进业主为主导的项目综合管理模式，这将对行业内医院建设项目的管理效率带来改善和提升。

### 1.2.5 医疗建筑工程项目管理的常见问题

基于医疗建设项目各领域学科交叉影响的复杂性，工程建设中常出现以下问题：

（1）进度管理缺陷，工期"马拉松"

因功能动态变化多，招标无计划，招标滞后影响进度，设计组织不周全，施工单位不作为等因素，致使管理目标失控，计划不周，实施失控。

（2）成本管理控制无力，投资无底洞

主要原因是概算不科学，设计未按限额，采购不专业，施工常变更，"三算"

（基本建设工程投资估算、设计概算和施工图预算）难控制等。

（3）专项设计缺乏统筹，工程界面模糊不清

医用专项设计滞后，医疗设备机房工程缺陷，设计不专业、不完善、不同步，招标漏项、交叉重叠等现象层出不穷。

（4）功能变更严重

普遍存在边建边改边设计"三边"工程的现象，医疗工艺设计缺乏深度，设计任务书深度不够，科室需求不清楚，行政干预过度，施工单位低价中标后的策略性变更等。

（5）建成后运营成本居高不下

前期决策规划准备工作不充分，对绿色建筑的规范要求不够重视，一次性投资与可持续运行成本未能合理分配。

（6）品质同质化

由于设计无创新，千城一面，功能缺乏人性化和创新性，施工水平同质化和运气化。

### 1.2.6　医疗建筑管控重点

（1）前期策划

医疗建筑项目前期内容大体包括：①医院工程建设前期规划策划——拟建医院的定位、标准、造价匡算依据；②医院运营模式策划——运营、投资指导；③医疗设施策划——室内设计指导；④医疗工艺流程策划——建筑设计任务书编制依据、建筑初步设计条件；⑤医院空间策划——医疗功能空间指标；⑥数字信息化医院的策划——信息化设计标准；⑦临床服务策划——医疗设备、医用家具采购控制；⑧后勤保障体系策划——医院支持系统配置。

目前医院工程在建设中缺乏建设前期策划过程，没有对医院的实际情况进行全面调查、分析、研究，由建筑设计专家与医院领导决策层进行沟通、比较，提出一个远近期逐步发展、过度、切合实际的建筑总体规划，并制定一份实施工程项目的详细任务书等准备工作。

在项目的决策阶段的主要工作是进行项目的可行性研究，也是建设项目前期工作的重点和难点。可行性研究是在项目投资决策前，通过对拟建项目有关的工

程、技术、经济、社会等各方面情况进行深入细致的调查、研究、分析，对各种可能拟定的技术方案和建设方案进行认真的技术经济分析和比较论证，对项目建成后的经济、环境和社会效益进行科学的预测和评价。在此基础上，综合研究项目在技术上的先进性和适用性、安全性，经济上的合理性和有效性，以及建设上的可能性和可行性。

（2）"同步一体化"设计

医疗建筑包含了二十多个专业以及8大医疗专项，传统设计模式下，各个专业和专项在相互连接的边界是问题频出的地方，设计院提供设计图纸后，各个专项才招标进场，各个参建方更是各自为营，在自己的立场上考虑和解决问题，建设方协调工作非常难开展，导致工地上的变更、工程重复返工的情况数不胜数，建筑物本身也千疮百孔，投资和工期不可控。

工程的各阶段是相互关联、相互制约的，是一个系统性完整性的过程，"同步一体化"设计是将医疗项目所涉及的土建、机电、装修、净化、物流、医用气体等多个专项设计同步进行、同期完成的设计模式。这种设计模式可以解决在医院建设过程中甲方、设计方、施工方的痛点问题，各阶段的交叉设计，经济控制，使整体项目从设计到施工直至项目运营每个阶段都能顺利、高效进行，真正做到"省心、省时、省力、省钱"。如从建筑方案设计阶段开始，室内精装修设计就要配合参与并开展工作，其他不同专业也要在项目负责人协调统筹下，在合适的时机参与开展工作，将传统的碎片式、链条式设计过程改变为一个可控性的、系统性的、环绕式的整体设计。

（3）实施的组织协调

医院建筑所涉专业多，参建单位也多，各专业间相互穿插交错施工，协调工作效率的高低将直接影响整个工程进度的目标全面实现。为此组成强有力的协调工作机制和协调经验丰富的专业人员，积极做好各方的协调工作，营造良好的合作氛围，确保项目管理工作优质快捷，是医疗项目实施中的重点。

（4）开展"BIM+智慧工地"技术

结合医疗建筑特点，开展"BIM + 智慧工地"技术应用，确定信息化建设方案，进行信息化产品选型；通过视频监控管理、质量管理、安全管理、进度管理、劳务管理、物资管理、设备管理、环境管理、BIM 技术在智慧工地中的应用等管理方法，实现信息化、精细化、智能化，高效辅助全专业、全过程施工管理，强化科学管理并加速信息化建设；为管理人员提供及时、高效、优质的在线服务，提高工作效率和管理力度。

## 1.3　EPC工程总承包对医院项目的适用性

EPC项目管理是对建设工程全生命周期的管理，对于传统设计企业转型做EPC的公司来说其管理边界向前延伸到项目投标、方案或初步设计等阶段（包括地质勘探、技术方案选型、建筑用材等），向后则延伸到项目计划、招标采购、实施控制及开车试运行等阶段，其管理体系有如下特点，适用于医疗建筑。

### 1.3.1　强大的资源整合能力

医院建筑是一个复杂的多专项、多子项的建筑，因此对于医院EPC总承包管理团队来说必须有很强的资源整合能力，可以科学有序整合工程建设所需的各类资源，确保工程目标的实现。

### 1.3.2　项目经理+专项经理+专业技术项管理团队

医院EPC总承包管理体系需拥有优秀、专业的项目经理，以及专业知识较强的各医疗及非医疗专项经理，他们不仅要对各专项的技术精通，还需懂得统筹管理的基本技能，从而让技术与工程管理有效连接，项目经理及旗下各管理人员可在企业项目管理体系下对工程建设项目实施全过程规范化、技术化的管理。

### 1.3.3　全过程的工程质量管理

医院EPC总承包单位对工程设计质量、设备采购质量和施工质量实现全过程的质量管理，以设计质量控制为主线、贯穿设备材料采购质量、施工调试质量和质保期服务，确保工程质量满足总承包合同的要求。

### 1.3.4　一体化的工程进度管理

医院EPC总承包单位建立了完善的项目进度管理体系，规范项目进度计划管理和项目进度风险控制，从而实现设计、采购、施工调试各阶段一体化的工程进度管理，避免各医疗专项或非医疗专项间的相互影响和工序牵制，可最大程度提高进度协调效率，有效解决各类进度问题，保证工程建设进度根据进度计划有序实施。

### 1.3.5 投资控制、限额设计、总价包干

通常，EPC总承包合同采用总价模式，建设单位的投资控制风险得到有效的转移，EPC总承包凭借其综合实力和工程风险控制能力进行限额设计，通过优质的资源整合能力实现合同目标。有时在投资存在较大不确定性时，部分或全部工程也采用暂定价方式进行工程总承包，此时设计方也将遵循限额设计以及根据项目特点合理调配项目资源配置，整体考虑、中和资源等技术手段，从设计源头控制项目总投资。投资控制目标应基于批准的初步设计概算，建设单位可采取概算下浮的方式测算投资控制价用于EPC总承包项目招标，最终投资控制目标依据总承包合同确定。

### 1.3.6 专项与整体的整合

传统建设模式下医院建设项目设计单位比较多，例如手术室、放射科、医用气体、智能化、中央空调、标识系统等主体设计单位都不愿承担或无法承担需要分别招标，不同设计单位之间的协调错综复杂均由建设单位负责，不可避免对工程建设特别是工程质量和进度造成影响。而这一整合和管理能力也是医院EPC总承包管理企业的基本管理能力，需要配备专业的技术人员、强大的分包团队及对医院建设流程熟悉的管理团队，促进各板块设计和施工的有机结合。负责任的EPC总承包单位往往还会引进现场深化设计单位，实行现场深化设计，可以大幅提高施工和设计之间的协调性，特别是在复杂性程度较高和现场要求设计快速响应的医疗专项设计等方面。

### 1.3.7 EPC总承包建设模式下的行政许可报批和地方协调管理特点

传统建设模式下许多医院工程建设单位在行政许可报批方面"吃尽苦头"，卫生部门的行政许可报批没有问题，但地方政府监管部门众多行政许可报批包括

但不限于：施工图审查、防雷报审、市电接入、交评报告、污水处理、垃圾收集、院感报审、防辐射报审、绿色建筑、档案移交等。

上述众多的行政许可报批即使由专人负责也会非常不顺利，并且每个报批不顺都会影响工程的实施，传统模式下责任由建设单位承担，影响了工程进度，施工单位就会进行索赔，这也是传统模式下建设工期长和造价超概算的主要原因。

而在EPC总承包模式下，建设单位已将上述行政许可报批相关管理工作通过合同转移给EPC总承包方，业主方仅负责配合以及与当地政府高层协调。因此，EPC总承包单位会在工程一开始就进行全面策划并实行专项管理，这也反映EPC总承包企业的成熟度。

后续章节为EPC工程总承包模式在广西国际壮医医院项目中实际应用案例中的具体内容。

# 第2章 EPC工程总承包模式在医疗建筑项目的应用案例

## 2.1 项目简介

### 2.1.1 建设地点

广西国际壮医医院项目建设地点为南宁市五象新区平乐大道和秋月路口东北侧，净用地面积约200亩，总用地面积300亩。

### 2.1.2 建设功能定位

广西国际壮医医院建设定位如下：以壮族、瑶族等民族医药为特色，以中医药为基础，以现代诊疗技术为支撑，集医疗、预防、保健、康复、教学、科研、制剂、民族医药文化传承和国际交流为一体、具备浓郁壮族文化特色的综合性现代化国际化医院，是中国与东盟在传统医药领域合作、交流的重要平台。

### 2.1.3 建设内容与规模

本项目建筑总面积为187 575m²，其中地上建筑面积为115 225m²。（地上包括：医疗建筑面积90 000m²、大型医疗设备用房建筑面积7340m²、制剂室及中医传统疗法中心3150m²、科研用房面积3915m²、壮瑶医药国际交流中心建筑面积2500m²）、壮瑶医全科医生临床培养基地（住院医生规划培训基地）建筑面积8320m²；地下建筑面积72 350m²。本项目的总床位数为1000张。

### 2.1.4　项目投资及资金筹措

本项目总投资为 15.56 亿元。其中，工程费用 11.41 亿元，医疗设备费 1 亿元，工程建设其他费用 2.41 亿元，预备费 0.74 亿元。资金来源以自治区财政投入为主（包括利用政府债券等方式），部分业主自筹解决。

## 2.2　项目计划目标

### 2.2.1　工期目标

项目总工期为 980 日历天，计划开工日期为 2016 年 2 月 1 日，计划竣工日期为 2018 年 10 月 7 日。

### 2.2.2　质量目标

质量目标是合格，确保获得"广西区优质工程"奖，争创"国家优质工程"奖。

### 2.2.3　安全文明管理目标

安全文明管理目标是确保"广西区安全文明施工标准化工地"称号，力争获评全国 3A 级文明单位工地。

## 2.3　项目难点

### 2.3.1　工期紧，组织协调工作量大

通常大型医院项目建设周期在 4～5 年，而壮医医院项目为了赶在广西壮族自治区成立 60 周年大庆前开业，合同工期只有 2.5 年。在开工前期，项目还因雨季和南宁市扬尘治理政策专项整顿行动影响，比原计划节点延误了 2 个月工期。期间产生了大量的组织协调工作，主要有以下几方面。

（1）对外协调。虽然该项目已经明确为自治区重大项目，政府各级相关部门给予很大的支持甚至现场服务，但仍需要做许多基础性的工作，华蓝集团主要分为三个层级进行对外协调，一是集团领导负责对接自治区、市级领导；二是公司

领导负责对接市区一级、五象新区管委会相关领导；三是项目组主要对接协调各主管部门。有了三级对接的协调机制，项目仅用时半年就完成了从方案报批到施工图审查备案以及涉及规划、住建、消防、环保等部门的审查审批报建流程，甚至在自治区创造性地开展了分步办理施工许可申报工作。最终，在各级领导和相关部门的支持下，项目得以通过边报建、边设计、边施工的形式有序地组织开展工作。

（2）各专业分包的整合协调。这里包括对各设计专业分包和施工专业分包的集结和整合，由于医院除了常规的土建安装，还涉及医疗工艺、医疗气体、特殊病房装修、医疗标识系统等多个特殊分项工程的设计、采购、施工环节。即使华蓝集团和中建八局有着多年的从业经验和强大的资源整合能力，在短时间内要将这么多有着不同利益诉求、不同立场的单位和个人整合到一起，实现共同的目标，对双方的总承包项目管理团队都是极大的挑战。首先要求总包管理团队内部能做到协调一致，共同进退，双方共同组建了由工程部、安装部、设计管理部、报建部、技术部、安全部、合约商务部、资料部和行政部等多个部门组成的管理团队，明确组织分工，执行双项目经理、每周例会、每周现场例巡的工作机制，以"投资决策听设计、现场进度听施工"为原则，各扬其长，目标明确。

（3）物资材料的资源整合。物资材料的及时到位是保证进度，工人到现场有活可干的基本条件，项目从开始设计时就将各项材料、设备的采购准备工作结合进来，大到暖通设备的参数、钢筋混凝土的用量，小到一扇门窗、一块地砖的选材，在图纸一出来就交给合约物资采购部门提前计划。当采购出现问题时，随时提出调整。正是由于这些工作的提前安排，使得后续基本上没有出现因材料供应不到位导致窝工、等工的情况发生。

### 2.3.2 功能复杂，设计变更量大

虽然合作的设计团队是多年从事医疗建筑设计的专业团队，但医院项目的复杂性还是超出了预期。医院的流程规划设计相当复杂，不仅与各科室的工作习惯、管理模式不同有着很大关系，也会因管理者的思路而异。因此，该项目需要将没有在医院工作过的设计团队的设计理念与医院工作者实际操作经验进行有机结合，拒绝无休止地修改，又要做好服务，对管理工作带来了不小的挑战。

除了基础建设的水、电、暖设备，医院还有大量检测用、手术用医疗设备。而这些大量的医疗设备又属于业主向第三方采购的资源，需要将每台设备的供水、供电、排气要求弄清楚，并组织施工单位落实，这产生了非常大的协调量及返工难度。

项目总建筑面积为 187 575m², 总床位数为 1000 张，为 EPC 交钥匙工程，所有科室功能房间均为精装交付。项目总工期为 980 天，时间紧任务重，对各专业的协同设计水平以及设计管理能力要求非常高。

广西国际壮医医院项目是华蓝集团承接的首个大型医疗类公建的 EPC 工程总承包项目，该项目作为 2018 年广西壮族自治区成立 60 周年的献礼工程，是涉及民生工程的重点项目，各级政府以及社会对项目关注度非常高。

### 2.3.3 投资控制压力大

本项目可研立项建筑面积为 187 575m², 总投资为 15.56 亿元。实际一期建设 166 000m², 实际合同签订总承包费用只有 11.43 亿元，施工费用 10.8 亿元，也就是说实际一期施工费用为 6500 元/m², 装修分项工程投资金额仅有 1000 ~ 1500 元/m²。这本身就与壮医医院国际性、民族性的装修定位相去甚远。但又必须保障医院的基本功能，所以项目的投资控制存在着相当大的压力。

## 2.4 项目取得成效

### 2.4.1 工期成效

项目于 2016 年 2 月施工进场即受土方外运限制的影响，拖延了 2 个月的工期，为追回工期，充分发挥了 EPC 模式中"设计—报建—施工"有机结合的优势，利用停工期间不断优化总平方案，结合周边市政路面标高设计了一期阶梯式总平方案，并报规划局批复通过，从而最大程度地减少了土方开挖量，为后期追回工期节约了宝贵的时间，使项目赶在雨季前抢出了施工的工作面。一期主体于 2017 年 5 月 23 日实现全面封顶，比原计划提前 7 个月，一期所有单体于 2018 年 8 月 10 日竣工验收，比原计划提前 2 个月。该医院于 2018 年 9 月 15 号正式开业运营。

项目合同签订工期为 980 日历天，实际开工日期为 2016 年 2 月 28 日，实际竣工时间为2018年8月20日，实际工期为904天，提前76天完成建设任务。

### 2.4.2 质量成效

项目先后获得"南宁市建设工程质量优质结构奖"和"广西建设工程真武阁杯奖"（最高质量奖），实现了项目质量目标。

### 2.4.3 安全管理成效

在安全管理成效方面，该项目获得了"南宁市建设工程施工安全文明标准化诚信工地"和"广西建设工程施工安全文明标准化工地工程"称号，实现了项目安全目标。

### 2.4.4 投资控制成效

项目合同额为1 143 417 799.75元，施工图预算报财政局评审总工程造价为1 130 217 294.87元，投资金额在投资估算和初步设计概算范围内。

### 2.4.5 项目获奖

2016年度，广西国际壮医医院项目被定为广西BIM示范性工程，项目BIM运用贯穿于方案的初定，到施工图设计，再到项目的施工及项目全生命周期的管理过程。项目在设计过程中，做到了策划先行，目标先定，时刻沟通，监督执行，项目BIM应用获得了以下行业协会奖项。

（1）荣获"Building SMART 2017香港国际BIM大奖赛"最佳医疗项目大奖。

（2）2017年7月获得南宁市第二届"筑梦杯职工职业技能大赛建筑信息模型（BIM）技术应用比赛"设计类一等奖。

（3）2017年9月获得全区"建筑信息模型（BIM）技术应用（广西建工杯）第二届职工技能大赛设计类"一等奖。

（4）2017年9月获得中国勘察设计协会举办的第八届"创新杯BIM应用大赛"优秀医疗建筑奖。

（5）2017年11月获得首届"八桂杯BIM技术应用大赛设计类"一等奖。

本项目在设计、建设期间未发生质量、安全事故，在广西区勘察设计和广西建设工程方面获得以下奖项：

(1) 2020年获得"广西优秀工程勘察设计一等奖"。

(2) 荣获"2019年广西建设工程真武阁杯奖"。

(3) 荣获"广西建设工程施工安全文明标准化工地工程"。

(4) 获得"南宁市建设工程质量优质结构奖"。

(5) 荣获"南宁市建设工程施工安全文明标准化诚信工地"。

### 2.4.6　技术先进，管理创新

**1. 技术先进性**

项目在立项时已经确定为广西区BIM示范工程，项目牵头单位前期介入时，对BIM模型方案及设计提出合理建议，并结合现场施工条件和技术对模型进行优化改进，实行BIM模型数据在全过程无损传递。

BIM模型建完后，相关人员组织对BIM模型进行校对、审核、审定程序，并组织各参建单位进行BIM会审，确保模型统一，发现并解决200余项问题。利用BIM可视化特点，聘请区内外医疗设计专家，专门针对项目的特殊医疗部分、医疗流程设计等进行优化咨询，设计阶段组织8次评审会，利用BIM优化流线，提出50多条优化意见，保证项目功能布局和科室布置的合理性。

**2. 项目管理创新性**

以设计牵头的工程总承包充分发挥设计优化的主观能动性，以高质量设计控制施工工艺的经济性，以设计周期的灵活性控制施工工期缩短的合理性，有效利用交叉时间，从组织、细节、设计计划、思想等方面入手，采用BIM手段，进行"进度、质量、投资"三大目标控制。

### 2.4.7　社会影响

华蓝集团作为工程总承包牵头方，采用设计、采购、施工全过程总承包管理模式，实现了总工期980天从无到有、从平地到大厦的任务，最终实现主体提前封顶7个月，如期交付业主试运营，圆满完成按时开业的任务，以设计牵头的工程总承包模式在这个具有标志性意义的项目上大获全胜，赢得建筑单位及众多业内专业人士的一致好评。

# 第3章　项目前期管理与策划

## 3.1 工程建设的前期管理

### 3.1.1 工程项目前期管理与策划概述

工程总承包项目前期，指的是从项目立项开始，参与投标报价（或竞争性谈判）、合同谈判直至总承包合同签订一系列工作完成的过程。前期策划阶段是建设项目中最重要的管理阶段，策划水平的高低反映了企业项目管理能力的高低。很多项目不重视前期策划，从而陷入了"四处灭火又星火燎原"的局面；更有甚者，认为处理突发的事项是工程项目的常态，项目具有不可预测性，项目管理人员也懈于投入足够的精力。

美国哈佛企业管理丛书编纂委员会对"策划"的含义作了如下总结："策划是一种程序，策划是找出事物的因果关系，衡量未来可采取的途径，作为目前决策的依据。"项目策划是指从项目的立项启动开始，进行调查分析、定位、项目资源规划，到项目实施策略制订与部署的工作。

### 3.1.2 工程项目前期管理与策划的重要性

项目策划是项目管理实施的主要环节，也是最基本的环节，是在清楚地了解合同目标的前提下，根据项目的计划，确定项目计划和想要达到的项目目标。应提前做好准备，采取措施进行设计保证，以达到预期的目标。项目计划是一个可预见的过程，是对未来结果的预先判断和早期响应，并且在项目开发和结果的重要指南方面具有重要意义。项目策划作为众多专家的集体智慧的整合，能准确地预测项目进度中有可能碰到的重点以及难点，有助于项目管理层提高决策的正确性。

## 3.2 EPC工程项目建设的前期管理与策划

广西国际壮医医院是以设计牵头的工程总承包项目，项目用地南北长、东西短，原始高程83.7～117.4m，北高南低，地形高差起伏近30m，总建筑面积约187 575m$^2$。项目效果图见图3.2-1。

图3.2-1 项目效果图

### 3.2.1 开展项目前期战略策划研究

广西壮族自治区党委、政府在《壮瑶医药振兴计划（2011—2020年）》中提出，要加快壮医医疗服务体系建设，积极发展壮医预防保健服务体系，加强壮医人才队伍建设，提升壮医药产业发展水平，繁荣发展壮医药文化等。同时指出，应建立具有显著的中医药诊疗优势、独特的壮医药诊疗特色和一流的现代诊疗设备支撑，综合实力居全国民族类医院前列的自治区级壮医医院。

2015年5月25日，广西壮族自治区主席陈武召开会议，提出将广西壮族自治区国际壮医医院列为自治区重大公益性建设项目，明确要求由自治区卫生计生委牵头负责，发展改革委、财政厅、国土资源厅和南宁市共同配合，认真做好策划设计，精心组织，按程序抓紧建设。

2015年5月29日，广西壮族自治区副主席李康主持召开第一次专题会议，贯彻落实陈武主席指示精神，专题研究协调推进广西国际壮医医院建设工作。

2015年6月7日至11日，以广西壮族自治区政府副秘书长吴建新为组长，广西壮族自治区卫计委、发改委、财政厅、广西中医药大学相关负责人员组成的调研组赴内蒙古国际蒙医医院、宁夏回族自治区中医医院等单位进行调研，学习他们的成功经验。

2015年6月15日，广西壮族自治区副主席李康在南宁主持召开第二次专题会议，听取赴内蒙古、宁夏调研民族类医院的建设情况和广西国际壮医医院建设工作方案的汇报。

2015年6月18日，广西壮族自治区副主席李康主持召开第三次专题会议，研究解决广西国际壮医医院建设前期的相关工作。

2015年6月23至25日，为了更快更好地推进本项目前期工作的开展，广西壮族自治区卫生计生委协同广西中医药大学、专业策划公司等多家单位对内蒙古国际蒙医医院、青海省藏医院进行专业考察，以加快推进广西国际壮医医院的建设工作。

2015年7月1日，广西壮族自治区主席陈武在南宁主持召开会议，研究部署广西国际壮医医院规划建设有关工作。

2015年7月，广西中医药大学委托华蓝集团开始进行本项目建议书的编制工作。

2015年8月4日，广西壮族自治区发展和改革委员会以桂发改社会[2015]866号文对本项目建议书进行了批复。

2015年8月，开始进行本项目可行性研究报告的编制工作。

### 3.2.2 项目建设地位和作用

加强中国-东盟传统医药的交流与合作，是实现我国中医药科学化和国家化的重要途径。近年来，中医药的特色和优势逐步得到国际社会的认可，目前，中医药已传播到世界上160多个国家和地区，成为我国服务贸易的重要组成部分。中国与东盟国家具有亲缘的地理、民族和文化联系，形成了相近的用药习惯，中医药在东盟国家有着良好的基础和发展前景。本项目的建设对于巩固中国-东盟友好合作平台，加强中国与东盟在传统医药领域的交流与合作意义重大。主要体现在以下几点。

（1）作为中国-东盟民族民间交流与合作的重要内容之一，本项目有利于承担起中国–东盟民族民间交流与合作的纽带作用。

（2）有利于中国–东盟传统医药实现"互利、互助、互鉴"，可以实现中国与东盟传统医药优势互补和资源共享。

（3）有利于扩大中华文化在东盟地区的影响力。随着我国对外中医医疗服务稳步推进，医疗合作规模扩大，来华接受中医药医疗保健服务的人数逐年增加；中医药对外教育方兴未艾，在我国学习中医的外国留学生数量一直位居自然科学的前列。

### 3.2.3 研究项目选址方案

在对南宁市相关规划用地要求进行研究分析的基础上，本项目在南宁市中心城区范围内选择可建设医疗卫生设施用地，本可行性研究报告为广西国际壮医医院提出三个初步选址方案，分别位于五象、三塘、凤岭，并对各方案的优劣进行了比较分析。项目选址方案如图3.2-2所示，选址方案比选见表3.2-1。

**图3.2-2 项目选址方案示意图**

综上，本项目拟选址五象新区平乐大道和秋月路口东北侧地块。以下场址描述均针对该地块进行。

本项目位于五象平乐大道和秋月路口东北侧，地块被秋月路划分为两块，

项目建设场址方案比选

表 3.2-1

| 项目选址 | 位置 | 优点 | 缺点 |
|---|---|---|---|
| 方案一（五象） | 位于五象平乐大道和秋月路口东北侧，地块净面积约200亩 | ①五象新区是目前南宁市城市建设的重点地点地区和城市发展的主要方向。②选址紧邻自治区重大公益性项目核心区、金融商务区、五象湖，是南宁市五象新区最核心地段。③周边行政办公、金融商务、文化体育等设施集中，但缺乏大型医疗卫生设施，选址可解决医疗卫生设施配套的问题。④南宁市已经把该地块列为医疗用地，有利于尽快推动本项目建设。⑤从长远来看，国际壮医医院建于五象更有助于面向东盟、展现其国际形象 | 五象新区现仍处在建设期，项目建成时周边居住人群数量可能较少，密度较低，难以形成具有壮医服务需求的人群。场地高差较大，场地平整土方量较大 |
| 方案二（三塘） | 位于三塘昆仑大道与兴工路东南侧，规划净用地面积约100亩 | ①三塘缺乏大型高水平医疗机构，国际壮医医院能够提高三塘镇整体医疗服务水平，满足片区医疗服务的需要。②选址紧邻昆仑大道，并靠近火车东站，交通可达性好，有利于与外界交流联系；且周边有可扩展空间。③三塘已有较为完善的行政办公、居住、休闲等用地设施，目前有多个大型房地产商在周边开发建设，周边可形成较大规模的居住社区和服务人群 | ①昆仑大道现状客货运输车流量较大，对地块开发具有一定影响。②在三塘总体规划中，该医疗卫生设施用地面积为100亩左右，用地面积偏小 |
| 方案三（凤岭） | 位于凤岭佛子岭路与凤凰岭路交叉口东侧，南宁市铁路局正对面，规划净用地面积约100亩 | ①选址位于佛子岭路侧，靠近火车东站，交通可达性好，有利于与外界交流联系。②距离适中，周边房地产开发成熟，临近部分政府机关单位，建设所需的基础条件较好 | ①用地位于另外两家单位中间，仅一面临城市道路，无法满足不同出入口设置。②用地东面紧邻1000床的凤岭医院，如壮医医院选址于此，将造成这个区域的医疗资源重叠。③用地面积为100亩左右，用地面积偏小 |

南、北面地块均呈规整的梯形，项目地块总用地面积为200 036.01m²，折合300亩，其中实际用地面积为133 371.42m²，市政道路用地面积61 308.94m²，市政公共绿地用地面积5 355.65m²。北面地块较大，净用地面积约为151亩，南面地块净用地面积为49亩。地块北面为庆歌路，西面为平乐大道，交通便利。

地块为原肿瘤医院意向地块。项目地块内不涉及拆迁，场地内高差为33.7m，需经过平整后方可用于建设。

### 3.2.4 建设方案可行性

通过对本项目进行多方面的分析研究认为：本项目的建设符合国家发展公益事业的政策，符合国家、自治区、南宁市卫生部门"十二五"规划，符合广西医疗卫生事业的发展需求。项目的建设有利于传承和发展包括壮、瑶等各民族传统医药文化；有利于提升我区中医药、民族医药的高等教育水平；有利于优化医疗资源的结构和布局；有利于增进与东盟各国交流合作，服务国家"一带一路"倡议，意义重大。

从建设条件及选址分析，本项目建设场址具有良好的区位优势，地质稳定，外部水、电、通信、交通等基础设施条件良好，可为项目建设提供有利的建设条件。

从工程技术上分析，本项目建设规模、规划布局、建设方案合理，工程技术上具有可行性，在环保、节能、防灾和卫生防疫等方面符合国家相关政策、法律及规范的要求。

以上充分说明，项目具有良好的社会效益和经济效益，因此，本项目的建设是必要且可行的。

## 3.3 BIM前期策划方案

### 3.3.1 策划先行，目标先定

在选择具体项目开展BIM设计前，策划先行，BIM团队首先要为项目确定BIM目标，这些BIM目标须具体、可衡量，并有可以实施的具体操作办法。

BIM目标可以分为项目目标和团队目标，项目目标与项目整体有关，涉及项目的计划管控、成本算量、质量提升、物业管理等，如BIM设计时构件中通过录入算量信息，通过与算量软件接口互通，实现利用BIM模型成本算量的功能。团队目标与团队经营发展有关，涉及经济效益、课题研发、公司战略等方面，包含利用BIM模型进行效率研发，提升BIM设计效率，降低人力投入。

### 3.3.2 制度落实，监督执行

根据确定的BIM设计目标进行设计工作总部署，按照设计区域划分，对项目设计成员进行任务划分，分区、分专业对BIM模型进行有计划、有目的的集成和应用。制订工作计划，定期举行项目设计例会，检查设计进度，对设计中存在的问题予以解决。

## 3.4 工程总承包模式的选择

### 3.4.1 提高建设进度

提高工作的搭接效率，节约工期工程总体实施（含前期工作）时长约39个月，其中仅招标投标工作即节省约167个工作日。

### 3.4.2 有效进行投资控制

通过对项目进行全过程统筹管理，实现资源高效组合，提高工程建设的整体效益，控制投资不超概算。

### 3.4.3 提高管理效率

工程总承包方为专业化的工程项目管理团队，对项目各参与方（业主、施工方和材料供应商等）进行沟通协调，减少建设单位在项目具体建设管理方面所投入的时间、人力、物力及财力。

## 3.5 项目管理实施总体策划

### 3.5.1 任命项目经理

由于本项目为区重点项目，又是自治区成立60周年献礼工程，签订工程总承包EPC合同后，根据项目的特点，制订三级沟通机制，并确定项目经理，一级沟通是集团董事长对接区级领导；二级沟通是公司总经理对接市级领导；三级沟通是公司副总经理对接项目业主高层。

### 3.5.2　组织项目部，确定项目管理人员及职责

根据医院项目的特点、招标文件以及合同文件的要求，确定项目组织架构和挑选项目部管理人员。项目部基本岗位包括项目负责人、项目执行经理、设计管理、施工管理、安全管理、造价管理、采购管理、合同管理、报批报建、项目秘书等。项目管理团队有20人，其中博士2人，一级注册工程师4人，项目管理团队有丰富的医院项目设计、管理经验。

项目执行经理职责如下：

（1）协助项目经理做好日常管理工作，完成项目经理授权的各项工作；

（2）参与制订施工组织和质量计划，各项施工方案及质量、安全保持措施，编制总进度计划，并组织实施；

（3）制定项目机构人员设置，职责分工与考评，负责监督、检查、督促规章制度的实施；

（4）制订与调整项目阶段性目标和总体控制计划，负责监督、检查、督促计划的实施；

（5）与业主、监理、施工及有关部门的对接和沟通；

（6）组织预、结算工作，及时与业主、监理、施工单位沟通，解决管理工作中的问题，保证业主及时按照合同约定拨付工程款；

（7）组织召开项目的各类工作会议。

设计管理职责如下：负责组织、指导、协调项目的设计工作，确保设计工作按合同要求组织实施，对设计进度、质量和投资进行有效的管理和控制。

施工管理职责如下：负责项目的施工管理，对施工进度、施工质量、施工费用和施工安全进行全面控制，并负责对施工分包商的协调、监督和管理工作。

采购管理职责如下：负责组织、指导、协调项目的采购工作，处理项目实施过程中与采购有关的事宜以及与供货商的关系，全面完成项目合同对采购要求的进度、质量以及工程总承包对采购费用控制的目标和任务。

安全管理职责如下：负责具体施工现场安全管理，定期组织开展安全教育活动，与现场调度协调现场安全管理、现场文明施工管理工作，定期向公司提交工作报告。

投资管理职责如下：负责制订项目全过程费用使用计划及费用控制目标，对所有费用进行跟踪监测、比对分析和趋势预测，对可能发生的费用变化提出纠正或者调整建议，按月提交项目投资使用情况报告。

项目秘书职责如下：具体负责文秘工作，负责文件的收发、文件资料的管理，编写会议纪要和项目日报工作。

## 3.6 劳动力安排计划

### 3.6.1 劳动力组织方案

施工劳务层是在施工过程中的实际操作人员，是施工质量、进度、安全、文明施工的最直接保证者，为了保证工程优质、安全、快速地完成施工生产任务，项目在选择劳务层操作人员的原则如下：

（1）具有良好的质量、安全意识；

（2）具有较高的技术等级水平；

（3）具有类似工程施工经验的人员。

### 3.6.2 各阶段劳动力配置计划

根据施工计划安排，同时考虑本工程现场环境、技术间歇、天气等各种因素，并根据以往工程施工经验和工程进度安排情况，整个工程的高峰期用工人数约1000人，月平均人数为480人；其中所有特殊工种100%经考核合格，以上所有工作需考核合格，持有效证件上岗。

### 3.6.3 劳动力配置总体计划

本工程劳动力计划投入量见图3.6-1。

| 工种 | | 2016年 | | | | | | | | | | 2017年 | | | | | | | | | | | | 2018年 | | | | | | | |
|---|---|---|---|---|---|---|---|---|---|---|---|---|---|---|---|---|---|---|---|---|---|---|---|---|---|---|---|---|---|---|---|
| 工程 | 工种 | 3月 | 4月 | 5月 | 6月 | 7月 | 8月 | 9月 | 10月 | 11月 | 12月 | 1月 | 2月 | 3月 | 4月 | 5月 | 6月 | 7月 | 8月 | 9月 | 10月 | 11月 | 12月 | 1月 | 2月 | 3月 | 4月 | 5月 | 6月 | 7月 | 8月 |
| 土建工程 | 土方工 | 10 | 20 | 25 | 30 | 30 | 25 | 10 | 5 | 5 | 0 | 0 | 0 | 0 | 0 | 0 | 0 | 0 | 0 | 0 | 0 | 0 | 0 | 0 | 0 | 0 | 0 | 0 | 0 | 0 | 0 |
| | 基础工 | 5 | 5 | 30 | 45 | 45 | 45 | 30 | 0 | 0 | 0 | 0 | 0 | 0 | 0 | 0 | 0 | 0 | 0 | 0 | 0 | 0 | 0 | 0 | 0 | 0 | 0 | 0 | 0 | 0 | 0 |
| | 钢筋工 | 0 | 0 | 20 | 30 | 30 | 90 | 90 | 100 | 150 | 150 | 150 | 150 | 120 | 120 | 120 | 100 | 100 | 80 | 50 | 50 | 50 | 20 | 20 | 10 | 0 | 0 | 0 | 0 | 0 | 0 |
| | 木工 | 3 | 3 | 20 | 40 | 50 | 50 | 70 | 70 | 80 | 80 | 80 | 80 | 110 | 120 | 90 | 90 | 90 | 80 | 70 | 70 | 50 | 50 | 30 | 30 | 0 | 0 | 0 | 0 | 0 | 0 |
| | 混凝土工 | 0 | 0 | 18 | 35 | 35 | 80 | 80 | 90 | 120 | 120 | 120 | 110 | 110 | 110 | 100 | 80 | 60 | 60 | 60 | 60 | 30 | 30 | 10 | 10 | 0 | 0 | 0 | 0 | 0 | 0 |
| | 砌筑工 | 0 | 0 | 10 | 20 | 20 | 20 | 20 | 10 | 20 | 20 | 20 | 30 | 40 | 50 | 50 | 80 | 120 | 100 | 80 | 80 | 60 | 60 | 30 | 30 | 10 | 0 | 0 | 0 | 0 | 0 |
| | 架子工 | 0 | 0 | 15 | 20 | 20 | 10 | 10 | 10 | 10 | 10 | 30 | 20 | 80 | 80 | 80 | 90 | 80 | 80 | 80 | 60 | 60 | 60 | 40 | 20 | 10 | 0 | 5 | 5 | 5 | 5 |
| | 机械工 | 2 | 2 | 5 | 5 | 5 | 10 | 10 | 10 | 10 | 15 | 20 | 25 | 25 | 25 | 25 | 25 | 25 | 25 | 25 | 20 | 20 | 20 | 20 | 15 | 15 | 10 | 5 | 5 | 5 | 5 |
| | 电焊工 | 0 | 0 | 8 | 8 | 8 | 10 | 10 | 10 | 12 | 10 | 10 | 16 | 16 | 16 | 16 | 13 | 13 | 12 | 15 | 15 | 15 | 10 | 10 | 8 | 5 | 5 | 2 | 2 | 2 | 2 |
| | 测量工 | 8 | 8 | 8 | 8 | 8 | 10 | 12 | 12 | 15 | 15 | 10 | 10 | 16 | 16 | 16 | 13 | 13 | 12 | 15 | 15 | 15 | 10 | 10 | 8 | 8 | 5 | 5 | 5 | 5 | 5 |
| | 普工 | 5 | 10 | 10 | 10 | 20 | 20 | 30 | 30 | 30 | 30 | 35 | 40 | 40 | 40 | 40 | 40 | 40 | 40 | 40 | 30 | 30 | 25 | 25 | 20 | 20 | 20 | 15 | 10 | 10 | 5 |
| 机电安装工程 | 管道工 | 0 | 0 | 0 | 0 | 0 | 0 | 0 | 12 | 15 | 15 | 15 | 15 | 20 | 30 | 30 | 30 | 30 | 30 | 30 | 25 | 25 | 25 | 20 | 15 | 15 | 10 | 5 | 2 | 0 | 0 |
| | 电工 | 0 | 0 | 0 | 0 | 0 | 0 | 0 | 3 | 12 | 12 | 12 | 12 | 12 | 12 | 12 | 20 | 20 | 20 | 20 | 15 | 12 | 10 | 10 | 10 | 6 | 5 | 5 | 2 | 2 | 2 |
| | 通风工 | 0 | 0 | 0 | 0 | 0 | 0 | 0 | 0 | 15 | 15 | 15 | 15 | 15 | 30 | 30 | 25 | 30 | 30 | 25 | 25 | 25 | 15 | 20 | 20 | 10 | 10 | 10 | 5 | 5 | 2 |
| | 起重工 | 0 | 0 | 0 | 0 | 0 | 0 | 0 | 0 | 2 | 2 | 2 | 2 | 2 | 5 | 5 | 5 | 10 | 8 | 10 | 6 | 6 | 6 | 10 | 6 | 6 | 2 | 1 | 1 | 1 | 1 |
| | 电焊工 | 0 | 0 | 0 | 0 | 0 | 0 | 0 | 0 | 6 | 6 | 8 | 8 | 8 | 8 | 8 | 15 | 15 | 20 | 20 | 20 | 10 | 10 | 10 | 5 | 10 | 5 | 5 | 2 | 2 | 2 |
| | 气焊工 | 0 | 0 | 0 | 0 | 0 | 0 | 0 | 0 | 4 | 4 | 6 | 8 | 8 | 15 | 15 | 15 | 15 | 10 | 15 | 10 | 10 | 5 | 5 | 5 | 5 | 2 | 2 | 2 | 2 | 2 |
| | 钳工 | 0 | 0 | 0 | 0 | 0 | 0 | 0 | 0 | 2 | 2 | 4 | 6 | 6 | 8 | 8 | 6 | 10 | 10 | 8 | 8 | 10 | 10 | 8 | 8 | 8 | 5 | 5 | 5 | 5 | 2 |
| | 铆工 | 0 | 0 | 0 | 0 | 0 | 0 | 0 | 0 | 3 | 6 | 6 | 6 | 6 | 6 | 6 | 6 | 8 | 8 | 8 | 6 | 6 | 6 | 3 | 3 | 3 | 3 | 3 | 2 | 2 | 2 |
| | 油漆工 | 0 | 0 | 0 | 0 | 0 | 0 | 0 | 0 | 3 | 5 | 5 | 5 | 5 | 10 | 10 | 15 | 15 | 15 | 15 | 15 | 10 | 10 | 10 | 10 | 10 | 5 | 5 | 5 | 5 | 0 |
| | 保温工 | 0 | 0 | 0 | 0 | 0 | 0 | 0 | 0 | 0 | 5 | 5 | 5 | 0 | 5 | 5 | 5 | 10 | 10 | 10 | 10 | 20 | 10 | 8 | 8 | 5 | 5 | 5 | 0 | 0 | 0 |
| | 调试工 | 0 | 0 | 0 | 0 | 0 | 0 | 0 | 0 | 0 | 0 | 0 | 0 | 5 | 5 | 5 | 10 | 10 | 15 | 15 | 15 | 20 | 10 | 20 | 20 | 10 | 10 | 10 | 5 | 5 | 0 |
| | 电梯工 | 0 | 0 | 0 | 0 | 0 | 0 | 0 | 0 | 0 | 0 | 25 | 20 | 10 | 10 | 20 | 25 | 25 | 25 | 25 | 25 | 25 | 25 | 20 | 20 | 10 | 10 | 10 | 5 | 5 | 0 |
| | 机电普工 | 0 | 0 | 0 | 0 | 0 | 0 | 0 | 3 | 3 | 3 | 6 | 6 | 6 | 10 | 10 | 6 | 20 | 15 | 40 | 10 | 10 | 10 | 6 | 6 | 6 | 6 | 6 | 3 | 3 | 3 |
| 装饰装修 | 油漆工 | 0 | 0 | 0 | 0 | 0 | 0 | 0 | 3 | 3 | 3 | 10 | 10 | 6 | 10 | 10 | 10 | 20 | 20 | 20 | 20 | 30 | 30 | 10 | 10 | 6 | 6 | 2 | 0 | 0 | 0 |
| | 涂料工 | 0 | 0 | 0 | 0 | 0 | 0 | 0 | 0 | 0 | 0 | 20 | 15 | 15 | 20 | 30 | 30 | 30 | 30 | 30 | 30 | 30 | 30 | 20 | 15 | 15 | 15 | 10 | 5 | 5 | 5 |
| | 瓦工 | 0 | 0 | 0 | 0 | 0 | 0 | 0 | 0 | 0 | 0 | 10 | 20 | 20 | 20 | 50 | 50 | 60 | 60 | 40 | 40 | 30 | 30 | 10 | 20 | 5 | 5 | 5 | 0 | 0 | 0 |
| | 木工 | 0 | 0 | 0 | 0 | 0 | 0 | 0 | 0 | 0 | 0 | 20 | 20 | 10 | 30 | 50 | 60 | 60 | 60 | 60 | 60 | 40 | 50 | 50 | 20 | 10 | 8 | 8 | 10 | 5 | 0 |
| | 抹灰工 | 0 | 0 | 0 | 0 | 0 | 0 | 0 | 0 | 0 | 0 | 50 | 20 | 20 | 20 | 40 | 40 | 60 | 60 | 40 | 40 | 40 | 50 | 30 | 20 | 20 | 20 | 10 | 10 | 5 | 0 |
| | 细木工 | 0 | 0 | 0 | 0 | 0 | 0 | 0 | 0 | 0 | 0 | 30 | 20 | 20 | 20 | 40 | 40 | 40 | 40 | 40 | 40 | 40 | 30 | 10 | 10 | 10 | 10 | 10 | 0 | 0 | 0 |
| | 普工 | 0 | 0 | 0 | 0 | 0 | 0 | 0 | 0 | 0 | 0 | 10 | 8 | 10 | 8 | 40 | 5 | 40 | 40 | 40 | 40 | 10 | 10 | 10 | 8 | 8 | 8 | 8 | 5 | 5 | 0 |
| 合计 | | 33 | 48 | 166 | 253 | 273 | 375 | 382 | 390 | 524 | 535 | 579 | 605 | 701 | 863 | 898 | 938 | 989 | 955 | 893 | 821 | 736 | 646 | 495 | 392 | 245 | 193 | 148 | 76 | 61 | 34 |

图3.6-1 劳动力计划投入量

## 3.7 拟投入主要物资计划

根据本工程招标文件的相关要求，结合本工程的特点和施工工期的要求，在本工程的施工过程中，将调配充足、齐全的物资用于本工程的施工，确保本工程目标工期的实现和工程的施工质量。本工程主要采用C20～C45商品混凝土；拟采用直径为6～28mm的钢筋；砌体主要采用烧结多孔砖或混凝土空心砌块；防水主要采用高分子防水卷材；钢结构型材采用国内优质钢；玻璃幕墙的所有材料均采用国内优质的材料；周转材料的供应计划是确保整个工程顺利开展的前提。根据总体进度要求，本工程配备充足的周转材料。

## 3.8 拟投入主要物资计划品种和数量配置

### 3.8.1 主要物资计划品种及数量

拟投入的物资计划品种和数量详见表3.8-1。

主要物资计划 表3.8-1

| 材料名称 | 规格 | 单位 | 数量 | 进退场时间 |
|---|---|---|---|---|
| 混凝土 | C20～C45 | m³ | 76 635.07 | 2016年8月1日～2017年9月11日 |
| 钢筋 | 6～28 | t | 60 024 | 2016年7月1日～2017年9月11日 |
| 砌体 | — | m³ | 60 774.3 | 2017年2月21日～2017年10月11日 |
| 防水 | 高分子防水卷材 | m² | 99 488.44 | 2017年6月10日～2018年2月20日 |

### 3.8.2 周转材料计划及估算

周转材料的供应计划是确保整个工程顺利开展的前提。根据总体进度要求，本项目主要采用模板915mm×1830mm×18mm覆膜胶合板，模板支撑体系采用扣件式钢管脚手架，钢管规格为$\phi 48 \times 3.5$，木方的规格采用50mm× 100mm。外围防护脚手架采用扣件式钢管脚手架，钢管规格为$\phi 48 \times 3.5$，脚手板采用900mm×1000mm的钢筋网片，安全网采用密目式安全网，周转材料的需求计划和计算分析分别见表3.8-2。

周转材料需求计划　　　　　　　　　　　　　　　　表3.8-2

| 材料名称 | 规格 | 单位 | 数量 |
|---|---|---|---|
| 模板 | 915mm×1830mm×18mm | | 本工程模板总量为256 122m² |
| 木方 | 50mm×100mm | | 本工程木方总量为8 452m³ |
| 钢管 | $\phi 48 \times 3.5$ | | 本工程模板支撑系统和外围防护脚手架的钢管总量为8 871t |
| 扣件 | 直角、旋转和对接 | | 本工程模板支撑系统和外围防护脚手架的扣件总量为1 774 258个 |
| 顶托 | — | | 本工程顶托总量为72 762个 |
| 脚手板（钢筋网片） | 900mm×1000mm | | 本工程脚手板钢筋网片总用量为24 913张 |

续表

| 材料名称 | 规格 | 单位 | 数量 |
|---|---|---|---|
| 密目式<br>安全网 | 1.8m×6m | 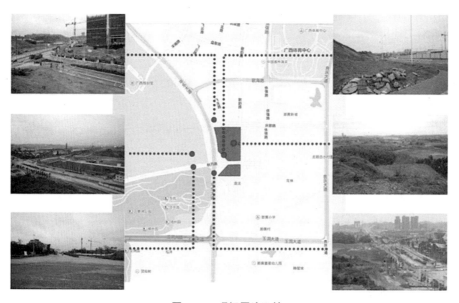 | 本工程密目式安全网总量<br>153 243m² |
| 备注 | 根据施工进度安排，在地上部分结构施工时，地下部分的模板转入地上部分再使用。钢管、扣件、顶托由地下室转入使用后，陆续退场 | | |

## 3.9 施工准备

### 3.9.1 现场踏勘

经过现场踏勘，施工现场周围已开始进行围挡施工，用地四周交通较为便利，场地内开始平整，但土方量仍较大，施工现场周边环境见图3.9-1。

图3.9-1 现场周边环境

### 3.9.2 施工人员准备

在开工前，按照组织机构确定的人员将项目管理人员组织到位；工程开工后，项目全部管理人员第一时间进驻现场，全面开展项目的组织、协调、管理等方面工作。

### 3.9.3 劳动人员准备

**1. 劳动力来源**

根据确定的现场管理机构建立项目施工管理层，选择高素质的施工作业队伍进行该工程的施工。本项目选择从事施工生产多年，有大量的人员稳定、技术素质高的施工队伍和管理人员，以及实力雄厚的分包商和供应商，能够有效快速地组织劳动力资源进场。

工人进场后，管理人员首先对工人进行必要的技术、安全、思想和法制教育。教育工人树立"质量第一，安全第一"的正确思想；遵守有关施工和安全的技术法规；遵守地方治安法规；配合现场管理规定，实行刷卡进场管理。

**2. 生活后勤保障工作**

做好后勤工作的安排，为职工的衣、食、住、行、医等都予以全面考虑，并认真落实，以便充分调动职工的生产积极性。

### 3.9.4 施工技术准备

**1. 学习设计图纸**

项目管理人员及施工技术人员应会同设计人员对图纸和说明书作全面了解，对一些特殊的施工部位、特殊工艺，应做详细记录，有不详尽之处，设计人员对其进行全面的深化设计，绘制节点图，使施工人员对全工程做到心中有数。

**2. 编制各项施工方案**

根据施工组织设计及现场的实际情况，技术部门认真编制该工程的各项施工方案。对于风险性较大的施工方案，须按《危险性较大的分部分项工程安全管理办法》中的要求，在方案经相关专家论证通过后报监理审批。

### 3.9.5 施工机械准备

根据施工组织设计中确定的施工方法、施工机具、设备的要求和数量以及施工进度的安排，编制施工机具设备需用量计划，组织施工机具设备需用量计划的落实，确保按期进场。各阶段机械设备应根据施工总进度计划要求分批次进场，确保现场施工顺利进行。

### 3.9.6 施工总平面布置原则

施工现场平面布置以现场条件及工程施工特点为根据，本着施工现场布置紧凑合理、减少临时设施的拆改、经济节约的原则开展现场的布置及施工活动，详细的施工平面布置原则确定如下：

（1）施工现场平面分别对办公设施、生产设施和现场围挡进行布置。

（2）施工平面紧凑有序，在满足土方、支护、基础、土建、机电安装、幕墙、装修施工的条件下，尽量节约施工用地。

（3）本工程业主未指定水、电接驳点，因此项目在投标阶段自行拟定接驳点，待具备水电条件时再根据现场情况进行调整，并本着尽量节约线路的原则对施工现场临时用水、用电进行合理的布置。

（4）选择满足施工需要的塔式起重机和施工电梯，并合理布置其位置，利用场内施工道路，合理布置材料堆放场地，减少运输费用和场内二次搬运。

（5）尽量避免对周围环境的干扰和影响，做好防扰民和防民扰的两手准备。

（6）按南宁市有关现场卫生、安全防火和环境保护等的要求进行布置。

### 3.9.7 办公设施布置

根据工程现场条件，将管理人员办公区与生活区布置在一起，设置于二期场地内，工人生活管理人员办公区、生活区同侧，办公区主要布置业主、监理、设计和施工单位办公室，设置双层彩钢板房，临时办公用房拟设置两层，共30间。

### 3.9.8 生产设置布置

（1）现场大门：现场设置3处大门，其中南侧靠秋月路的大门为1号大门；

在本工程西侧靠平乐大道设一个大门（2号门），同时在北侧施工现场区域东侧设置3号大门，与1号大门隔路相望，施工区大门宽度为8m，均按照业主管理要求或施工单位统一标准制作。

（2）现场围护：现场周围为场地平整单位现有围墙，主要由钢骨架和广告牌组成，局部未形成封闭的位置按照南宁市相关要求进行封闭。南侧围墙主要是和工人生活区、管理人员办公、生活区共用围墙，用水泥标准砖，砌筑2500mm高的围墙进行隔断。

（3）门卫室：现场所有大门处均设有门卫室，门卫24h值班，负责施工现场的保卫。

### 3.9.9　临时用电技术方案

（1）施工现场供用电设施的设计、施工、运行、维护应符合现行国家标准《建设工程施工现场供用电安全规范》GB 50194—2014的要求。

（2）现场临时用电必须编制专项施工方案，并经有关部门审批，并报项目公司备案。

（3）施工现场内临时用电的施工和维修必须由经过培训后取得上岗证书的专业电工完成。

（4）施工用电必须采用TN-S系统，按规定做好接零接地保护和二级漏电保护装置。严格贯彻"一机一闸、一漏一箱"的临时用电制度。

（5）施工现场应定期对电气设备和线路的运行及维护情况进行检查，保证电气系统和保护设施完好；禁止电气设备超负荷运行或带故障使用；禁止私自改装现场供用电设施，搬迁或移动用电设备时，必须由专业电工操作。

（6）电气设备与可燃、易燃易爆和腐蚀性物品应保持一定的安全距离。

（7）电气线路应具有相应的绝缘强度和机械强度，严禁使用绝缘老化或失去绝缘性能的电气线路，严禁在电气线路上悬挂物品。

（8）电缆线路应采用穿管埋地或架空敷设，严禁沿地面明设。现场中所有架空线路导线必须采用绝缘铜线或绝缘铝线。

（9）配电箱及开关箱应满足以下技术方案。

①配电系统应设置室内总配电屏和室外分配电箱，或设置室外总配电箱和

分配电箱，实行分级配电。

②动力配电箱与照明配电箱宜分别设置，如合置在同一配电箱内，动力和照明线路应分路设置，照明线路接线宜接在动力开关的上侧。

③开关箱应由末级分配电箱配电。开关箱内应一机一闸，每台用电设备应有自己的开关箱，严禁用一个开关电器直接控制两台及以上的用电设备。

④总配电箱应设在靠近电源的地方，分配电箱应装设在用电设备或负荷相对集中的地区。分配电箱与开关箱的距离不得超过30m，开关箱与其控制的固定式用电设备的水平距离不宜超过3m。

⑤配电箱、开关箱周围应有足够两人同时工作的空间，其周围不得堆放任何有碍操作、维修的物品。

⑥配电箱、开关箱安装要端正、牢固，移动式的箱体应装设在坚固的支架上。固定式配电箱、开关箱的下皮与地面的垂直距离应大于1.3m，小于1.5m。移动式分配电箱、开关箱的下皮与地面的垂直距离为0.6～1.5m。配电箱、开关箱应采用铁板或优质绝缘材料制作，铁板的厚度应大于1.5mm。

⑦配电箱、开关箱中导线的进线口和出线口应设在箱体下底面，严禁将其设在箱体的上顶面、侧面、后面或箱门处。

⑧总配电箱和开关箱须至少设置两级漏电保护器，而且两级漏电保护器的额定漏电动作电流和额定漏电动作时间应合理配合，具有分级保护功能。

⑨施工现场所有用电设备，除作保护接零外，必须在设备负荷线的首端处安装漏电保护器。

⑩配电箱内盘面上应标明各回路的名称、用途，同时要作出分路标记。总、分配电箱门须配锁，配电箱和开关箱应指定专人负责。施工现场停止作业1h以上时，应将动力开关箱上锁。各种电气箱内不允许放置任何杂物，并须保持清洁。箱内不得挂接其他临时用电设备。

### 3.9.10 临时消防用水布置

（1）施工现场设置灭火器、临时消防给水系统和临时消防应急照明等临时消防设施，做到布局合理。

（2）临时消防设施应与在建工程的施工同步设置，主体结构施工阶段，进度差距不应超过3层。施工现场在建工程可利用已具备使用条件的永久性消防设施作为临时消防设施。当永久性消防设施无法满足使用要求时，应增设临时消防设施。临时消防给水系统的贮水池、消火栓泵、室内消防竖管及水泵接合器等，应设有醒目标识。

（3）施工现场灭火器类型应与配备场所可能发生的火灾类型相匹配，最低配置标准应符合相关要求。灭火器要有明显的标志，并经常检查、维护、保养，保证灭火器材灵敏有效。

（4）施工现场大门口、临时办公区、生活区应配置不少于一套集中消防架。消防架中灭火器、消防斧、消防桶、消防锹、消防钩应按照5件/套配置。

（5）在施工现场或其附近设置稳定、可靠的水源，并应能满足施工现场临时消防用水的需要。消防水源可采用市政给水管网临时消防用水量的要求。

（6）施工现场临时室外消防给水系统应布置成环状，消火栓应布局合理，两个相邻消火栓间距不大于60m。消防给水干管的管径应依据施工现场临时消防用水量和现场办公、施工用水量进行设置，主干管为DN100。消火栓处昼夜要设有明显标志，配备足够的水龙带，周围3m内不准存放物品。地下消火栓必须符合防火规范。

（7）塔楼、裙房设置临时室内消防给水系统。消防竖管的设置位置应便于消防人员操作，其数量不应少于1根，当结构封顶时，应将消防竖管设置成环状。

（8）消防竖管的管径为DN100。

（9）设置室内消防给水系统的在建工程，应设消防水泵接合器。消防水泵接合器应设置在室外便于消防车取水的部位，与室外消火栓或消防水池取水口的距离宜为15～40m。

（10）设置临时室内消防给水系统的在建工程，各结构层均应在位置明显且易于操作的部位设置室内消火栓接口及消防软管接口，消火栓接口的前端应设置截止阀；对于消火栓接口或软管接口的间距，多层建筑不大于50m，高层建筑不大于30m。

（11）在建工程结构施工完毕的每层楼梯处，应设置消防水枪、水带及软管，且每个设置点不少于2套。

（12）消防供水要保证足够的水源和水压。临时消防给水系统的给水压力应满足消防水枪充实水柱长度不小于10m的要求；给水压力不能满足要求时，应设置消火栓泵，消火栓泵不应少于2台，且应互为备用；消火栓泵宜设置自动启动装置。

（13）施工现场临时消防给水系统与施工现场生产、生活给水系统合并设置，但应设置将生产、生活用水转为消防用水的应急阀门。应急阀门不应超过2个，且应设置在易于操作的场所，并设置明显标识。

（14）消防泵房应使用非燃材料建造，位置设置合理，便于操作，并设专人管理，保证消防供水。

（15）施工现场的消火栓泵应采用专用消防配电线路。专用消防配电线路应自施工现场总配电箱的总断路器上端接入，且应保持不间断供电。

### 3.9.11 临时用水布置

本工程办公区给水由市政压力直接供给。主管采用镀锌钢管沿围墙边敷设，接至办公区后，支管再分别采用PVC管接至各用水点。

### 3.9.12 施工现场道路布置

本工程施工场地设置为环形道路，采用永临结合形式，道路按照设计要求进行施工，面层沥青待主体及主要景观施工完成后再进行施工，既满足施工要求，同时满足现场消防要求。

# 第4章 项目报建管理

## ■ 4.1 项目报建管理制度

报建工作是工程建设项目的首要前提，报建手续是否完备，代表着工程建设项目是否合法合规。凡在我国境内投资兴建的工程建设项目，包含外国独资、合资、合作的工程建设项目，都必须实行报建制度，接受当地建设行政主管部门或其授权机构的监督和管理。

当前的报建制度不再指建设管理部门对建设项目的报建报监的管理，而是涵盖了项目建设的全过程，其中包括国土、发改、规划、消防、人防、环保、防雷、白蚁防治、建设（绿色建筑、海绵城市、装配式建筑、施工许可、质安监）、房管等几大部门对项目的监管，任何一个环节的停滞都会导致后续工作的连环延迟。因此，对于建设单位来说，要具备很强的协调统筹能力，资金、营销、设计、施工、报建等部门通力合作，方可保证项目的顺利开展。

目前，各政府部门根据相应的法律法规，建设管理部门对建筑工程项目颁布了相应的管理条例，当地政府也结合了当地的具体情况，对建筑工程的各环节报建项目制定出管理办法和要求。在《建筑工程施工许可管理办法》（中华人民共和国建设部令91号）中，规定了"必须申请领取施工许可证的建筑工程未取得施工许可证的，一律不得开工。任何单位和个人不得将应该申请领取施工许可证的工程项目分解为若干限额以下的工程项目，规避申请领取施工许可证。"

在国家建设管理的相关法律法规日益规范的前提下，工程项目前期报建工作日显重要，加强对工程项目报建管理工作，无疑能对保障建设项目业主的合法权益，顺利实施工程项目提供有力保障，房地产公司非常重视报建报监的工作，不惜重金聘请、配备了强有力的报建人员，与各审批部门做好充分的沟通工作，材料具备即可迅速完成审批。目前南宁市报建最快的项目，从项目落地到项目开工建设，取得房产预售证，仅仅需要90d，而一般的项目则需要240d。总而言之，优质的报建工作是公司赢得时间、取得利润的重要保障。因此，如何在规定时间内完成报建工作，是对工程项目管理班子的第一个考验，也体现出了本项目项目经理的综合协调能力。

现有的报建制度虽因各地市的要求会有所不同，但均适用于传统模式下的项目，而EPC模式是设计与施工阶段的结合，打破了传统模式下报建的前后顺序，从而导致现行的制度和流程并不与EPC模式建设的项目相匹配，对于EPC模式的推进极为不利。

### 4.1.1 传统模式项目和EPC管理模式项目报建流程区别

**1. 主导单位的不同**

传统模式建设的项目主要由建设单位全权对接所有参建单位，分别委托设计、施工及设备供应商，按照设计、采购、施工的先后次序最终完成一个建筑产品。该模式具有建设各方责任明确、流程清晰等优点。然而，由于许多建设单位缺乏工程技术和管理人才，对整个项目建设实施的策划和关键技术问题的决策和管理经验不足，对工程建设过程中各项工作的把控存在一定的困难。

近年来的工程实践表明，由于市场需求以及建设主管部门出台的EPC总承包模式政策支持，项目业主日益重视总承包商所能提供的综合服务能力，以广西国际壮医医院项目为例，建设单位采用EPC工程总承包建设模式，为其项目提供了新的管理模式和选择，项目业主只需完成第一阶段工程项目用地手续后，即可满足EPC工程总承包模式项目招标条件，统一委托专业的设计牵头的总承包单位完成施工许可报建手续，采用工程总承包管理模式，建设单位只需面对一家总承包单位，双方可根据总承包合同约定的条例内容进行全过程咨询服务，操作程序简单、便捷，易于有效管理。同时，总承包单位可以充分发挥其专业资源优势（包括技术、人员、组织和管理等多方面），集中精力建设高质量的建设工程，高效完成每一项报建业务手续。

**2. 施工报建介入的阶段不同**

传统模式下的项目，建设单位需要在完成全部施工图设计工作后，才能办理施工许可报建手续，然而报建工作程序繁杂，涉及的审批部门较多，建设单位不仅要与相关审批部门进行沟通管理，还要对参与项目建设的设计方、施工方、设备供应商、监理方进行协调工作，需投入大量的人力、物力，常常需要组建专门的工程指挥部，甚至是聘请专人来管理项目，这种临时性的建设班子存在诸多先天缺陷，管理效率相对于专业化公司低了很多。

采用EPC工程总承包模式建设的项目，并不是一般意义上的设计工作、采购工作和施工环节的简单叠加，它有自己独特的管理内涵。壮医院项目规模比较大，采用分期建设的模式，为能保证设计、施工、质量、工期、人力、物力各种管理专业衔接，我们根据设计出图的进度分阶段报施工许可，同时进行施工建设，当然，并不是我们所理解的"三边"工程，我们根据项目建设特点及在相关政策的支持下，分别以基坑支护工程和主体工程两个阶段进行报批施工许可证，且在基础工程施工阶段提请相关行政审批部门同意后，提前介入广西国际壮医医院门诊住院综合楼基础工程的质量监督工作。总承包单位除了通过提高效率改进阶段性盈利水平，更重视的是运用总承包协调和整合能力、对市场资源的掌握以及对各专业分包的管理能力为业主创造、增值和其他咨询服务。本项目前期采用了总承包模式的优点以及结合政策支持，融合总承包管理的综合协调能力水平，在项目前期统筹计划做出多种应变方案。

### 4.1.2 EPC工程总承包模式项目报建过程要点

**1. 注意行政规费取值基数**

在实施总承包模式项目中，办理施工许可证阶段需参建单位缴纳的行政规费，如建设单位缴纳的城市配套费、建安劳保费，施工单位缴纳的工会费、工伤保险费这几项费用，传统模式项目均以施工总承包的中标价为基数乘以相应费率进行缴纳，项目采用EPC总承包模式后，中标通知书的中标价包含勘察费、设计费、施工费、暂列金额费共四项。由于施工许可审批窗口部门对工程总承包模式理解程度不一，不同意以中标价中的施工费为基数缴纳，由于没有相应的配套制度及管理规范，给项目增加了投资成本。

**2. 注意项目片区政策的特殊性**

在推进报建工作中，充分了解项目所在片区的行政审批制度和优惠政策是极为重要的，本项目所在区域是南宁近几年来重点打造建设的片区，由其对房地产开发企业，建设、规划等相关重点部门加大力度出台支持政策来帮助企业减压审批时限和流程，比如该项目在办理工程规划许可证时，参照了《南宁市规划管理局关于调整优化建设工程项目规划审批流程的补充通知》（南规发[2014]253号）和《南宁市规划管理局关于试行房地产开发项目批准建筑单体方案后核发建设工程规划许可证（复印件）的通知》（南规发[2015]377号）两个支持文件进行简化式报批规划许可证，获得成果后，马上进入下一阶段的消防设计审核业务，该审批业务需要提供规划许可的复印件，通过熟悉业务部门要求的流程，我们更能得心应手地去同步开展关键业务节点，不用漫长地等待获取上一个审批成果后才进入下个审批流程。

**3. 注意原有制度表单、协议等相关文件的不适用性**

该项目行政监督部门办理质量监督备案手续时，项目组需提供安全文明施工措施费的缴款凭证和安全文明施工措施费监督协议书，但行政监督管理部门提供的监督协议版本格式也只适用于传统模式施工单位中标项目，不适用以EPC总承包模式中标的项目，在处理该业务过程中，总承包单位多次与监督部门、开户银行协调沟通后，获得各方的理解和认可，将原传统模式的协议改为适用于EPC模式的版本，业务得到顺利开展。

同样的审批业务，在另一个片区监督审批管理部门为简化备案手续，只需建设单位出具一份关于如何支付安全文明施工措施费的承诺书，该承诺书代替了以往为保证专款专用而开设专项账户的烦琐流程，在实践中，承诺书的版本文档格式仅适用于传统模式以施工单位中标的项目，采用EPC管理模式的项目中标单位是由设计、施工单位联合体中标。因此，需花时间和精力与监督部门协调沟通说明EPC模式的特点和不同之处，将审批部门原设计的版本格式改为适用于EPC管理模式项目业务的格式。

以上所谈到的缴纳行政规费基数取值、安全文明施工措施费的监管协议、取消开设专项账户由建设单位出具承诺书替代等例子，在传统模式及EPC工程总承包管理模式磨合阶段中，总承包单位不仅起到了宣传及推广作用，尤其在项目实践中，总承包单位也及时发现了推行的EPC工程总承包模式建筑相关配套政策法律法规，还存在遗漏和不符合现状发展的需求。因此，总承包单位需要认真解读新旧政策的不同之处以及两者的优缺点，找出适合在未出台EPC模式配套政策前的解决办法，才能保证报建工作顺利开展和完成建设最终目标。

### 4.1.3　报建制度完善

#### 1. 制度探索阶段

住房和城乡建设部发布的《关于进一步推进工程总承包发展的若干意见》中提到，建设单位在选择建设项目组织实施方式时，应当本着质量可靠、效率优先的原则，优先采用工程总承包模式。政府投资项目应当积极采用工程总承包模式。

虽然工程总承包已推行多年，同时广西壮族自治区也被列为第二批全国工程总承包7个试点之一，但在项目实施过程中，由于各审批窗口部门对EPC工程总承包模式理解程度不一，出台工程总承包试点发展的各政策指导意见时，忽略项目报批报建这项配套业务的相关管理指导意见及办法，在某些报批流程中，相关业务的监督部门仍旧使用传统模式的政策及遵守旧的理念执行业务，由于没有相应的配套制度及管理规范，给项目报建工作带来许多困难，还会影响报建获批时限。

推广EPC总承包管理模式是广西区实现建筑行业转型升级的重要手段，通过采取EPC模式建设的广西国际壮医医院，属于大型且投资规模大类项目，并且有医疗专业技术要求很高、管理难度大等特点，在这类工程中，设备和材料需要单独订制，甚至需要设计和制造全新的设备。如果等到设计工作全部完成后才开始采购和施工，那么整个工期会拖得很长。本项目在设计和施工阶段中实现了深度交叉，从而有效地缩短了建设工期，同时施工技术方面也得到了实践和提升，并取得了一定的经验收获。但在建设程序和配套报批报建手续流程方面，相关单位未出台支持EPC总承包管理模式建设项目的报建流程制度和规范，目前还是依据传统模式项目报建流程完成施工许可审批手续，对于某些报批环节，还是无法符合EPC工程总承包模式项目使用，给建设单位在报建过程中带来一定的困难和阻碍。2016年5月，住房和城乡建设部出台的《关于进一步推进工程总承包发展的若干意见》提到，住房和城乡建设主管部门可以根据工程总承包合同及分包合同确定的设计、施工企业，依法办理建设工程质量、安全监督和施工许可等相关手续。相关许可和备案表格，以及需要工程总承包企业签署意见的相关工程管理技术文件，应当增加工程总承包企业、工程总承包项目经理等栏目。2017年11月广西出台的《广西壮族自治区住房和城乡建设厅关于进一步完善房屋建筑和市政基础设施工程总承包管理的通知》(第二次征求意见稿)中，再次强调了住房城乡建设主管部门在对工程总承包项目实施监督管理时，除建设、勘察、设计、施工、监理五方主体外，应将工程总承包企业及其项目负责人作为工程建设责任主体，纳入建筑工程责任主体项目负责人质量终身责任追究办法监管范围，在法人授权书、质量终身责任承诺书、永久性标牌、质量终身责任信息表中增加工程总承包单位。

**2. 制度完善阶段**

为优化营商环境，帮助各建设单位及房地产企业更快、更好地完成项目报建，提高项目建设进度，广西南宁出台了一系列工程建设项目优惠政策及措施，比如可在总平单体方案审核批复阶段同步办理工程规划许可证；审核绿建、节能方案时，可以选择采取承诺制办理的方式，即建设单位和设计单位作出符合民用建筑节能强制性标准、绿色建筑标准的承诺，住房和城乡建设部门不再对项目规划设计方案是否符合民用建筑节能强制性标准、绿色建筑标准组织开展评审、核查，不再就项目是否符合民用建筑节能强制性标准、绿色建筑标准出具意见，建设单位凭承诺书办理后续的规划许可审批等手续。

2019年4月起，南宁市房屋建筑和市政基础设施工程项目施工图实行联合审查，消防设计审查、人防设计审查并入施工图设计文件审查，委托一家审图机构进行统一技术审查。

2020年6月1日起，南宁市房屋建筑和市政基础设施工程项目使用广西数字化施工图联合审查管理信息系统开展施工图审查，各施工图审查机构(或建设单位)不需另行办理施工图审查情况备案手续。

质量监督备案环节与施工许可审批环节已采取并联审批方式，同时取消了建设单位缴纳的建安劳保费、安全文明施工措施费、建设单位农民工工资缴纳业务，农民工工资保障体系不断优化调整；减免城市建设配套费(非营业性质医疗项目）；拿地即施工政策；施工许可证分基坑支护、基础、地下室、地上主体办理以及缺项受理等一系列的改革减少了建设报批环节。

之前所提到的表格、单据，住房和城乡建设部门未针对EPC总承包模式而制定，在实际操作中未得到改善，还需总承包单位针对每个业务事项做大量的解释及协调工作。

在此，希望EPC工程总承包模式在未来的几年走向全面发展的道路，相关建设部门根据现有的情况制定相应的配套文件，同时给予采用EPC工程总承包项目在规划方案设计阶段、工程规划许可审批、消防设计审核、人防设计审核、施工许可等审批阶段的特别支持，开通报建绿色通道，简化审批流程，缩短审批时限，通过集成化体现EPC工程总承包模式的快捷性，减少投资成本，达到创造优质工程的理想目标。

## 4.2 项目报建管理流程及内容

### 4.2.1 报建涉及的政府职能部门

EPC总承包模式项目在办理各项报建业务过程中涉及的政府职能部门较多，包括市建委（五象新区管委会建设审批局）、市（城区）质安监站、市（城区）规划局、市人防办、市劳保办、市（城区）城管局、市（城区）消防支队、市（城区）供电局、市政园林局、环保局、市（城区）公安分局、市城市档案管理局等。

### 4.2.2 报建工作分类

根据EPC模式项目的特点以及涉及的政府部门划分，本项目的报建工作分为三大板块：第一是前期用地手续、三通一平的报建工作（即建设单位工程发包前需完成的报建工作）；第二是设计技术文件类报建及施工工程类报建（总承包重点工作）；第三是项目市政配套手续报建（属于总承包合同范围外的工程，内容含项目投入使用的正式电、水、永久路口报批）。

报建需要提交的资料及相关要求，应根据具体项目所在地行政监督部门当年的政策为准，本节报建内容所出现的资料清单仅依据本项目报建工作开展期间进行的整理归纳。

### 4.2.3 EPC工程总承包模式项目报建流程及内容

总承包（EPC）模式设计成果、施工许可报批工作流程如图4.2-1所示。

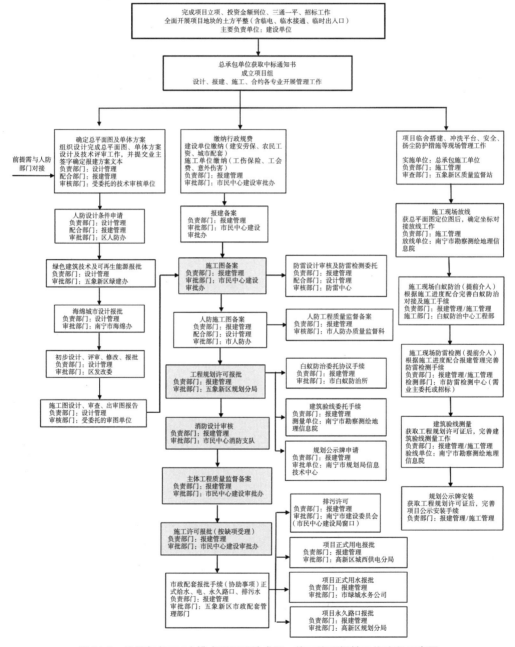

**图4.2-1　总承包（EPC）模式项目设计成果、施工许可报批工作流程示意图**

**1. 设计技术文件类报建**

1）办理总平、单体方案报批

①前置条件：规划设计条件及人防设计条件。

②工作程序如下：组织设计专业组开展总平、单体方案设计工作，提交业主确定最终报建方案（以业主单位负责人签字版为准）；协调业主确定技术审查单位；提交经业主确定的总平面图、单体方案文本至技术审查单位审核，并与技术审查单位对接方案审查过程中的要点及意见，及时反馈给设计组专业负责人；

③准备资料：见表4.2-1～表4.2-7。

总平规划方案技术审查需要提交的材料（提交技术审查单位） 表4.2-1

| 序号 | 资料名称 | 要求 | 份数 |
|---|---|---|---|
| 1 | 总平方案规划指标技术审查申请表 | 盖申请单位公章，原件 | 1份 |
| 2 | 法人委托书 | 盖申请单位公章，原件 | 1份 |
| 3 | 法人身份证 | 盖申请单位公章，复印件 | 1份 |
| 4 | 经办人身份证 | 盖申请单位公章，复印件 | 1份 |
| 5 | 区、市发展改革委计划立项批文、房改部门批文或意见、其他政府批文 | 盖申请单位公章，核原件收复印件 | 1份 |
| 6 | 建设用地规划许可证及附图，土地证及附图，拟建设地块附路网的地形图 | 比例1:500或1:1000，核原件收复印件 | 1份 |
| 7 | 新增用地或招拍挂的项目需提供规划设计条件及土地出让合同 | 盖申请单位公章，核原件收完整复印件 | 1份 |
| 8 | 总平面图 | 对于涉及总平调整的项目，须提交原批规划总平图 | 1份 |
| 9 | 总平面规划图（蓝图）及CAD电子文件 | 图纸上加盖建设单位和设计单位公章，对于涉及90m$^2$套型建筑面积控制要求的房地产开发项目，需注明住宅的套数、户型、面积及所占比例；如属住宅建设项目，需提供日照影响分析图及不足大寒日3h住宅的户数、位置及其所占比例等，并在该分析及总平图中注明日照影响分析采取的标准、结论 | 蓝图原件2份，光盘1份 |
| 10 | 规划控制指标核查表及指标校验CAD电子文件 | — | 1份 |
| 11 | 日照分析报告及分析报告电子版、日照分析计算总图模型CAD电子文件 | 加盖建设单位和设计单位公章 | 1份 |
| 12 | 拟报建筑单体平、立、剖面图CAD电子文件 | 总平阶段一般可不提供，若审查机构认为有必要时需提供 | 1份 |

| 序号 | 资料名称 | 要求 | 份数 |
|---|---|---|---|
| 13 | 三维报建电子模型光盘 | 对于规划部门认为需要同时进行三维报建的项目或重要项目，须提交符合制作标准的三维报建电子模型光盘 | 1份 |
| 14 | 相关会议纪要、签报等其他相关资料 | 盖申请单位公章，复印件 | 1份 |
| 15 | 审查机构认为需要提供的其他相关材料 | 盖申请单位公章，复印件 | 1份 |
| 16 | 以上所有纸质资料的电子扫描件 | 光盘 | 1份 |

**建筑单体方案单独技术审查需要的资料（提交技术审查单位）**　　表4.2-2

| 序号 | 资料名称 | 要求 | 份数 |
|---|---|---|---|
| 1 | 法人委托书 | 盖申请单位公章，原件 | 1份 |
| 2 | 建筑工程设计方案技术审查申请表 | 盖申请单位公章，原件 | 1份 |
| 3 | 土地使用相关证明材料，如用地蓝线图或政府有关地批复及附图、建设用地规划许可证及附图、土地证及附图等 | 盖申请单位公章，复印件 | 各1份 |
| 4 | 划拨用地项目提供发改、房改部门批文或建设单位主管部门有关批文 | 盖申请单位公章，复印件 | 各1份 |
| 5 | 新建项目提交已批总平面图或已完成技术审查的总平面图技术审查意见书；插建、分期报建项目提交已批总平、建筑设计方案文本或建筑工程规划许可证 | 盖申请单位公章，复印件 | 各1份 |
| 6 | 设计方案文本及电子文件 | 提交原件文本，盖申请单位公章电子文件按CAD图、JPG图、现状照片、演示PPT文件等进行文件分类，并刻录在1张光盘内 | 原件7份光盘1份 |
| 7 | 规划控制指标核查表及指标校验CAD电子文件 | 指标表加盖建设单位和设计单位公章 | 指标及电子文件各1份 |
| 8 | 日照分析报告及分析报告电子版、日照分析计算总图模型CAD电子文件 | 提交原件，盖申请单位公章 | 报告及电子文件各1份 |
| 9 | 大型或重要项目须提供三维报建电子模型（南规发[2014]65号）《南宁市规划管理局关于执行南宁市建筑工程设计方案审批三维报建的通知》 | 三维报建电子模型光盘 | 1份 |
| 10 | 拟建设地块规划路网图 | 比例1:500或1:1000复印件 | 1份 |
| 11 | 相关政府会议纪要等其他相关资料 | 盖申请单位公章，复印件 | 1份 |

| 序号 | 资料名称 | 要求 | 份数 |
|---|---|---|---|
| 12 | 审查机构认为需提供的其他相关材料 | 盖申请单位公章,复印件 | 1份 |
| 13 | 建筑工程夜景亮化设计方案技术审查申请表<br>夜景亮化文本<br>演示文件电子版 | 需夜景亮化审查的项目,提供申请表原件;<br>夜景亮化文本原件;<br>文本及演示文件含静态表现及动画动态表现效果图、夜景亮化平面设置图、立面布置图、亮化光源器具介绍说明等 | 1份,电子文件1份 |
| 14 | 建筑定位图 | 建筑定位图的具体要求详见《南宁市规划管理局关于取消房建项目设计红线的通知》,包括CAD电子文件 | — |

**建筑单体方案单独技术复审需要提交资料(提交技术审查单位)**　　　表4.2-3

| 序号 | 资料名称 | 要求 | 份数 |
|---|---|---|---|
| 1 | 技术审查意见答复函 | 加盖建设单位及设计单位公章,提供原件 | 1份 |
| 2 | 建设工程设计技术服务合同 | 加盖委托单位公章,提供原件 | 2份 |
| 3 | 规划指标校核、日照影响分析(校核)报告 | 加盖建设单位及设计单位公章,提供复印件及光盘 | 各1份 |
| 4 | 建筑设计方案文本及光盘电子文件 | 文本2份,光盘1份 | — |
| 5 | 审查机构认为需要提供的其他相关材料 | — | — |

**总平、建筑单体方案联合技术审查需要的资料(初审)**　　　表4.2-4

| 序号 | 资料名称 | 要求 | 份数 |
|---|---|---|---|
| 1 | 建筑工程设计方案技术审查申请表 | 盖申请单位公章,原件 | 1份 |
| 2 | 法人委托书 | 盖申请单位公章,原件 | 1份 |
| 3 | 法人身份证复印件 | 盖申请单位公章,复印件 | 1份 |
| 4 | 经办人身份证复印件 | 盖申请单位公章,复印件 | 1份 |
| 5 | 区、市发展改革委计划立项批文、房改部门批文或意见、其他政府批文 | 盖申请单位公章,核原件收复印件 | 1份 |
| 6 | 土地使用相关证明材料(如用地蓝线图或政府有关用地批复及附图、建设用地规划许可证及附图、土地证及附图等);<br>新增用地或招拍挂的项目需提供规划设计条件及土地出让合同或设计红(蓝)线图 | 盖申请单位公章,核原件收复印件;<br>土地出让合同提交完整复印件 | 1份 |

续表

| 序号 | 资料名称 | 要求 | 份数 |
|---|---|---|---|
| 7 | 总平面规划图（蓝图）及CAD电子文件；分析图，并在该分析图及总平图中注明日照影响分析采取的建筑标准、结论 | 图纸盖申请单位和设计单位公章，收蓝图原件，光盘 | 蓝图2份，光盘1份 |
| 8 | 1）设计方案文本<br>2）方案文本电子文件 | 文本盖申请单位公章，原件；电子文件：按CAD图、JPG图、现状照片、演示PPT文件等进行文件夹分类，并刻录在1张光盘内 | 文本7份，光盘1份 |
| 9 | 对于涉及总平、设计方案调整的项目，须提交原批规划总平面图、设计方案原件 | 盖申请单位公章，原件 | 1份 |
| 10 | 插建、分期报建项目提交已批总平、建筑设计方案文本或建筑工程规划许可证 | 盖申请单位公章，复印件 | 1份 |
| 11 | 规划控制指标核查表、指标校验CAD电子文件 | 加盖建设单位和设计单位公章，原件、电子文件 | 各1份 |
| 12 | 日照分析报告（分析报告电子版、日照分析计算总图模型CAD电子文件） | 加盖建设单位和设计单位公章，原件、电子文件 | 各1份 |
| 13 | 三维报建电子模型光盘 | 指规划部门认为需要同时进行三维报建的大型项目或重要项目：提交三维报建电子模型光盘，依据（南规发[2014]65号）《南宁市规划管理局关于执行南宁市建筑工程设计方案审批三维报建的通知》标准制作 | — |
| 14 | 拟建设地块规划路网图 | 比例1:500或1:1000，盖申请单位公章，复印件 | 1份 |
| 15 | 相关政府会议纪要等其他相关资料 | 盖申请单位公章，复印件 | 1份 |
| 16 | 审查机构认为需要提供的相关材料 | 盖申请单位公章，复印件 | 1份 |
| 17 | 建筑工程夜景亮化设计方案技术审查申请表；夜景亮化文本；电子版演示文件 | 需夜景亮化审查的项目提供申请表原件；夜景亮化文本原件；演示文件电子版（文本及演示文件含静态表现及动画动态表现效果图、夜景亮化平面设置图、立面布置图、亮化光源器具介绍说明等） | 各1份 |
| 18 | 建筑定图 | 建筑定位图的具体要求详见《南宁市规划管理局关于取消房建类项目设计红线的通知》 | 1份 |

**总平、建筑单体方案联合技术审查需要的资料（复审）**　　　　表4.2-5

| 序号 | 资料名称 | 要求 | 份数 |
|---|---|---|---|
| 1 | 技术审查意见答复函 | 加盖申请单位及设计单位公章，原件 | 1份 |
| 2 | 建设工程设计技术服务合同 | 加盖申请单位公章，原件 | 2份 |

续表

| 序号 | 资料名称 | 要求 | 份数 |
|---|---|---|---|
| 3 | 规划指标校核、日照影响分析（校核）报告 | 加盖申请单位公章，复印件、光盘 | 各1份 |
| 4 | 建筑设计方案文本、电子文件光盘 | 加盖申请单位公章，原件 | 文本2份，光盘1份 |
| 5 | 审查机构认为需要提供的其他相关材料 | 加盖申请单位公章，复印件 | 1份 |

**办理规划总平图审查需提交材料（提交规划局审批）**　　　表4.2-6

| 序号 | 资料名称 | 要求 | 份数 |
|---|---|---|---|
| 1 | 申请报告 | 加盖申请单位公章，原件 | 1份 |
| 2 | 法人委托书、委托人身份证、被委托人身份证、营业执照或组织机构代码证 | 加盖申请单位公章，核原件收复印件 | 1份 |
| 3 | 建设项目规划设计方案审批申请表 | 加盖申请单位公章，原件 | 1份 |
| 4 | 计划立项批文、房改部门意见（核原件、收复印件） | 加盖申请单位公章，核原件收复印件 | 1份 |
| 5 | 规划路网图一份 | 比例1:500或1:1000原件（市规划局1楼购买） | 1份 |
| 6 | 总平规划图 | 图纸加盖申请单位公章，注明住宅的套数、户型、面积所占比例，电子磁盘（CAD2004/T3格式） | 3份 |
| 7 | 指标校核表 | 由设计单位制作并盖章，提供原件，校核过程中相关文件应刻入光盘 | 各1份 |
| 8 | 建设用地规划许可证、附图 | 加盖申请单位公章，核原件收复印件 | 1份 |
| 9 | 土地证及附图 | 加盖申请单位公章，核原件收复印件 | 1份 |
| 10 | 原批总平原件 | 仅对申请调整总平项目 | 1份 |
| 11 | 规划设计条件 | 仅对新增用地或公开招拍挂的项目，核原件收复印件 | 1份 |
| 12 | 技术审查报告 | 原件 | 1份 |

**办理建筑设计方案需提交材料（提交规划局审批）**　　　表4.2-7

| 序号 | 资料名称 | 要求 | 份数 |
|---|---|---|---|
| 1 | 申请报告 | 加盖申请单位公章，原件 | 1份 |
| 2 | 法人委托书、委托人身份证、被委托人身份证、营业执照复印件 | 加盖申请单位公章，核原件收复印件 | 1份 |
| 3 | 建设工程项目设计方案申请表 | 加盖申请单位公章，原件 | 1份 |

续表

| 序号 | 资料名称 | 要求 | 份数 |
|---|---|---|---|
| 4 | 建筑设计方案文本；<br>夜景亮化图电子文件光盘 | 方案中含主推立面方案及备选两个立面方案，立面表现效果图及总平面图、一层平面、屋顶平面、中间各变化平面图、各立面图；<br>住宅、幼儿园、学校、医院等项目需提交日照分析图及日照分析结构（方案文本中需增加一张建筑定位图，单体平面布置及总平图，应为CAD2004/T3格式）；<br>如调整原批设计方案须提交市规划局已审批过的设计方案文本原件 | 2份 |
| 5 | 拟建周边情况的实景照片 | 提供电子文件 | — |
| 6 | 市规划管理局已审定的总平图 | 加盖申请单位公章，核原件收复印件 | 1份 |
| 7 | 土地证及附图复印件、用地规划许可证及附图复印件 | 加盖申请单位公章，核原件收复印件 | 各1份 |
| 8 | 区、市发改委计划立项批文复印件、房改办批文复印件 | 加盖申请单位公章，核原件收复印件 | 1份 |
| 9 | 技术审查报告 | 加盖申请单位公章，原件 | 1份 |

④审批单位信息：五象新区规划建设管理局审批局。

⑤工作要点及注意事项：及时跟进审批进度，积极与审核工作人员保持沟通。

2）办理人防设计条件申请

①前置条件：已批复项目总平图。

②准备资料：见表4.2-8。

办理人防设计条件申请需要提交资料　　　　　　表4.2-8

| 序号 | 资料名称 | 要求 | 份数 |
|---|---|---|---|
| 1 | 南宁市应建防空地下室的新建民用建筑项目设计条件申请表 | 加盖申请单位公章，原件 | 1份 |
| 2 | 建设项目立项批文 | 加盖申请单位公章，核原件收复印件 | 1份 |
| 3 | 建设单位营业执照或者法人证书（属事业单位提交事业单位法人证书及组织机构代码） | 加盖申请单位公章，复印件 | 1份 |
| 4 | 法人委托书 | 加盖申请单位公章，原件 | 1份 |
| 5 | 法人身份证 | 加盖申请单位公章，复印件 | 1份 |
| 6 | 项目经办人 | 加盖申请单位公章，复印件 | 1份 |

③审批单位信息：市民中心B座7楼建设审批大厅人防审批窗口。

④工作要点及注意事项：在总平设计阶段就要与人防部门沟通人防设计条件事宜。

3）办理绿色建筑技术及可再生能源报批

①前置条件：单体方案已确定，并提交技术审查单位进行审核，有初审意见。

②工作程序：落实绿建文本的设计部门，在单体方案送技术审查单位后，同时开始进行设计工作，确定后报送。

③准备资料：见表4.2-9。

办理绿色建筑技术及可再生能源报批需要提交资料　　　　　　表4.2-9

| 序号 | 资料名称 | 要求 | 份数 |
|---|---|---|---|
| 1 | 申请出具南宁市绿色建筑技术方案专项审查意见的报告 | 加盖申请单位公章，原件 | 1份 |
| 2 | 建设用地规划许可证 | 加盖申请单位公章，核原件，收复印件 | 1份 |
| 3 | 项目建设条件意见书 | 加盖申请单位公章，核原件，收复印件 | 1份 |
| 4 | 绿色建筑技术方案文本 | 原件 | 6份 |
| 5 | 可再生能源建筑应用设计专篇 | 原件 | 6份 |
| 6 | 节能意见书 | 原件 | 6份 |
| 7 | 建筑设计方案文本 | 原件 | 6份 |
| 8 | 建设单位与绿建咨询单位、可再生能源服务单位签订的咨询合同 | 加盖申请单位公章，复印件 | 1份 |
| 9 | 岩土工程详细勘察报告 | 原件 | 1份 |

④审批单位信息：五象新区绿建办。

⑤工作要点及注意事项：在单体方案阶段开始开展此项工作。

4）海绵城市设计报批

①前置条件：单体方案已确定。

②工作程序：落实海绵城市设计的设计部门，在单体方案送技术审查单位的同时开始进行设计工作，确定后报送。

③准备资料：海绵城市报告、海绵城市报送文本。

④审批单位信息：市海绵办。

⑤工作要点及注意事项：在单体方案阶段开始开展此项工作。

5）初步设计报批

①前置条件：单体方案获批。

②工作程序如下：业主委托评审单位；设计单位完成初设文本及概算书（可先把电子版提交评审单位进行审核，跟进沟通过程）；与评审单位共同组织评审会议，组织设计在评审会上汇报；根据意见组织设计进行修改完善初设文本，复核初设文本，复核通过后，由业主报文至上级单位或者直接报发展改革委，待获批。

③准备资料：初设文本、概算文本。

④审批单位信息：区发改委。

⑤工作要点及注意事项：控制初设的设计时间；与评审中心保持沟通联系，尽量缩减评审过程的时间；及时把评审中心提出的意见反馈给相关设计人员，保持沟通畅通不脱节。

6）施工图设计审查

①前置条件：完成各专业施工图设计工作、业主确定委托施工图审查单位。

②工作程序如下：提交施工图至审查单位进行审核；同时对接设计及审核意见答复；获得正式审查报告及相关图纸资料。

③准备资料：施工图资料及相关图纸。

④审查单位信息：由建设单位确定委托的施工图审查单位。

⑤工作要点及注意事项：在设计阶段，可以提前交已完成设计专业的电子图给审图单位先行审核；待施工蓝图正式出来后提交图纸，要加快出图及审核进度，该事宜是影响后期报建手续的关键节点。

**2. 施工工程类报建**

1）办理施工图备案（基坑支护工程、基础（桩基或筏板基础）工程、地下室工程、主体工程的办理程序类同）

①前置条件：初步设计批复，施工图审核通过，并有正式审图报告。

②工作程序如下：由设计管理组负责对接、协调设计专业所完成的施工图设计工作，并完成审查工作环节程序；根据施工图备案手续相关资料要求收集设计文件资料；提交至五象新区规划建设管理审批局窗口受理。

③准备资料：根据五象新区规划建设管理审批局的要求提供资料。

④审批单位信息：五象新区规划建设管理审批局窗口。

⑤工作要点及注意事项：建议将非图纸资料提前提交至建设单位盖公章，待图纸和审图报告出来后整合一起报送审批部门。

2）办理人防施工图备案（重点）

①前置条件：总平面图、单体方案批复文件、施工图备案表、人防施工图备案。

②准备资料：见人防部门图纸备案要求。

③审批单位信息：人防业务窗口。

④工作要点及注意事项：该工作是提交工程规划许可证申报的重要条件，应加快协调办理；整理资料时，要注意查看备案要求；人防施工图审查备案后，应尽快办理人防工程质量监督手续。

3）办理工程规划许可证（重点）

①前置条件：总平面图、单体方案批复文件、施工图备案表、人防施工图备案。

②工作程序如下：提前筹备提交资料，并协调设计提供申报表里的指标数据；指标数据与施工图备案表里的面积规模相符。

③需准备的资料见表4.2-10。

办理工程规划许可证需要提交资料　　　　　　表4.2-10

| 序号 | 资料名称 | 要求 | 份数 |
|---|---|---|---|
| 1 | 申请报告 | 盖申请单位公章，原件 | 1份 |
| 2 | 法人委托书 | 盖申请单位公章，原件 | 1份 |
| 3 | 委托人身份证 | 盖申请单位公章，核原件收复印件 | 1份 |
| 4 | 被委托人身份证 | 盖申请单位公章，核原件收复印件 | 1份 |
| 5 | 南宁市（建设工程规划许可证）申请表 | 按表中要求如实填写，加盖申请单位公章 | 1份 |
| 6 | 土地证及其附图、建设用地规划许可证及其附图 | 盖申请单位公章，核原件收复印件 | 1份 |
| 7 | 区、市发改委计划立项或房改办批文 | 盖申请单位公章，复印件 | 1份 |
| 8 | 原审批的总平面图 | 复印件 | 1份 |
| 9 | 经规划局审批的方案文本 | 原件 | 1份 |

续表

| 序号 | 资料名称 | 要求 | 份数 |
|------|----------|------|------|
| 10 | 施工图纸 | （建施图全套及基础平面图、均为蓝图）：对于总造价超出50万元的建设项目，均须经具备相关资质的审图公司审图，并加盖技术审定章，同时提供市建设委员会的施工图设计文件审查备案表（复印件），施工图电子文件、已批总平图电子文件（CAD2004/T3格式） | 2套 |
| 11 | 住宅项目须提供南宁市管道燃气工程联网的函或南宁管道燃气公司意见 | 盖申请单位公章，复印件 | 1份 |
| 12 | 统一社会信用代码（单位法人证书或营业执照复印件） | 盖申请单位公章，复印件 | 1份 |
| 13 | 规划部门认为需要提供的其他材料 | 盖申请单位公章 | 1份 |
| 14 | 人防部门备案文件复印件（民用建筑） | 盖申请单位公章，复印件 | 1份 |

④审批单位信息：五象新区规划建设管理审批局。

⑤工作要点及注意事项：该业务是获取主体施工许可证的重要条件，不需要提供办理基坑支护工程施工许可证，只需提供由规划局批复的总平图。

4）办理消防设计审核（重点，基坑支护施工许可不用出具消防意见）

①前置条件：施工图备案、工程规划许可证。

②工作程序如下：提前筹备申请资料，相关指标数据由设计专业人员来提供、确定；建议完成施工图备案后，可以持总平图代工程规划许可证提交消防设计审核资料，但必须在15d内提交规划许可证。

③需准备的资料见表4.2-11、表4.2-12。

办理消防设计审核需要提交资料　　　　　　　　　　表4.2-11

| 序号 | 资料名称 | 要求 | 份数 |
|------|----------|------|------|
| 1 | 建设工程消防设计审核申报表 | 盖建设单位公章，原件 | 1份 |
| 2 | 建设单位的工商营业执照或组织机构代码证等合法身份证明文件 | 盖建设单位公章，复印件 | 1份 |
| 3 | 设计单位的合法身份证明、资质证明文件及相关执业人员的合法身份证明和执业证明文件（提供在设计图纸上加盖有个人私章的设计员） | 盖设计单位公章，复印件 | 1份 |
| 4 | 消防设计文件及光盘 | 设计文件内容包括总平面图、建施、水施、电施、暖通图等，图纸盖设计出图专用章 | 各1份 |

续表

| 序号 | 资料名称 | 要求 | 份数 |
|---|---|---|---|
| 5 | 依法需要办理建设工程规划许可的,应当提供建设工程规划许可证及其附件、施工红线图、规划许可证明文件;<br>依法需要城乡规划主管部门批准的临时性建筑,属于人员密集场所的,应当提供城乡规划主管部门批准的证明文件 | 盖建设单位公章,核原件收复印件 | 1份 |
| 6 | 对于施工图应提交审查机构审查的项目,在申报时,要按照建设行政主管部门的有关规定进行施工图审查,并在设计图上加盖审图章,提供施工图审查机构出具的审查报告;施工图审查机构的合法身份证明及资质等级证明文件 | 盖审图单位公章,核原件收复印件 | 各1份 |
| 7 | 非法定代表人前来办理时,要出具委托本单位人员的委托书,同时提供委托人和被委托人的身份证明文件;法定代表人前来办理时,要提供其身份证复印件 | 盖建设单位公章,核原件收复印件 | 各1份 |

**消防设计审查不合格申报复审需提交资料**　　　　表 4.2-12

| 序号 | 资料名称 | 要求 | 份数 |
|---|---|---|---|
| 1 | 申请复印报告 | 报告内容需注明依据不合格意见整改完毕,申请复审;<br>加盖申请单位公章,原件 | 1份 |
| 2 | 不合格的消防审核意见 | 加盖申请单位公章,复印件 | 1份 |
| 3 | 委托书(包括委托人和被委托人的身份证明文件) | 加盖申请单位公章,复印件 | 各1份 |
| 4 | 图纸设计单位出具的修改答复单、修改图纸 | 修改答复加盖设计单位公章 | 各1份 |

④审批单位信息:市消防支队。

⑤工作要点及注意事项如下。

消防设计审核是整个报建流程中最难过的一关,时间审核较长,而前置条件非常不合理,窗口允许以总平受理申报,但必须在15日内提交工程规划许可证才能正式出合格意见,但基本上无法遇到一次性通过消防设计审核合格的项目。

及时与具体的审核人员沟通、联系、对接,针对审核意见不明处,与审核人员进行沟通,以便反馈给设计组修改、完善图纸。在办理期间,要做好统筹各方的协调工作,合理安排需要业主及设计单位及审图单位各单位出具的文件、报告、图纸,资料比较多,所以要提前做好筹备工作,审核好各项指标。

获取地下及主体(地上)施工许可证(复印件)可以提供消防设计审核的受理单按缺项申请,同时提供承诺书,前提是必须要有工程规划许可证。

5）办理质量、安全监督备案手续（基坑、地下、主体地上程序一样）

①前置条件：施工现场完成五小设施工作、冲洗平台、扬尘监控、施工图备案、地质灾害评估。

②工作程序如下：根据提交资料组织各参建单位筹备报批资料；总承包方负责协调整理，并提出时间节点，要求勘察、设计、建设单位汇总各报批资料；总承包方提出时间节点，要求监理、施工单位提供报批资料；提交到建设局窗口受理，待批复。

③需准备的资料见表4.2-13。

办理质量、安全监督备案需要提交资料 表4.2-13

| 序号 | 资料名称 | 要求 | 份数 |
|---|---|---|---|
| 1 | 建设工程质量监督登记和安全措施备案书 | 盖参建单位公章，原件；施工单位项目部人员应与投标文件填报的项目班子人员一致 | 5份 |
| 2 | 中标通知书（或发承包审核通知书） | 原件 | 1份 |
| 3 | 高新区建设工程现场前置条件表及现场相片 | 原件 | 2份 |
| 4 | 施工合同备案表 | 核原件收复印件 | 1份 |
| 5 | 经备案的施工合同副本 | 原件 | 1份 |
| 6 | 南宁市房屋建筑工程施工图设计文件审查报告书 | 原件 | 1份 |
| 7 | 建设单位出具安全防护、文明施工措施费承诺书 | 原件 | 1份 |
| 8 | 建筑施工单位计划生育工作保证书 | 原件 | 1份 |
| 9 | 危险性较大部分项工程情况报告书 | 复印件 | 1份 |
| 10 | 监理单位资质证书（副本） | 盖监理、申请单位公章，核原件；复印件 | 1份 |
| 11 | 如监理单位是外地企业，还需提交驻邕备案证明 | 盖监理单位公章，复印件 | 1份 |
| 12 | 监理合同副本 | 盖监理、申请单位公章，复印件 | 1份 |
| 13 | 项目监理人员证书、年度安全教育培训证书 | 核原件，复印件 | 1份 |
| 14 | 施工单位资质证书（副本） | 核原件，复印件 | 1份 |
| 15 | 安全生产许可证 | 核原件，复印件 | 1份 |
| 16 | 如施工单位是外地企业，还需提交驻邕备案证明 | 核原件，复印件 | 1份 |
| 17 | 施工企业项目经理（建造师）资格证书、安全生产考核合格证书及年度安全教育培训证，技术负责人资格证书、年度安全教育培训证，专职安全员、质检员、施工员的上岗证书、安全生产考核证书、年度安全教育培训证书 | 核原件，复印件 | 1份 |

续表

| 序号 | 资料名称 | 要求 | 份数 |
|---|---|---|---|
| 18 | 监理单位经法人公司文件确认的成立项目部通知（含项目部组成人员名单） | 原件 | 1份 |
| 19 | 施工单位经法人公司文件确认的成立项目部通知（含项目部组成人员名单） | 原件 | 1份 |
| 20 | 项目管理人员签名样式表 | 原件，贴1寸彩照 | 1份 |
| 21 | 施工现场平面布置图。主要内容包括拟建项目的位置、施工机械安装的位置、材料堆放的位置、工人宿舍、临时用电、用水的布设、临时道路的方向等内容 | 原件 | 1份 |
| 22 | 建设工程五方责任主体项目负责人质量终身责任信息档案 | 盖申请单位公章，原件 | 1份 |
| 23 | 南宁高新区建设工程安全生产、文明施工责任书 | 原件 | 3份 |
| 24 | 南宁高新区建设工程质量终身责任制承诺书 | 原件 | 3份 |
| 25 | 地质灾害危险性评估报告备案登记表 | 盖申请单位公章，复印件 | 1份 |
| 26 | 活动板房产品出厂合格证，夹芯板耐火性能型式检测报告 | 盖施工、申请单位公章，复印件 | 1份 |

④审批单位信息：五象新区规划建设管理审批局。

⑤工作要点及注意事项如下：

该工作也是获得施工许可证的必要条件，业务需要的资料涉及单位比较多，如建设、勘察、设计、施工、监理等，必须在日常工作中组织各参建单位按自己的要求来提交汇总。

如果总承包单位中标后，发现建设单位未对监理单位招标，该事宜要提醒业主加快完善监理单位招标手续，以免影响该事项的备案。

在整理建设工程五方责任主体项目负责人质量终身责任信息档案资料时，多备几套，以防设计进度影响报建工作变更，项目名称可以暂时为空，比如：本项目在筹备基坑支护工程质量监督备案资料时，除了项目名称不一样，其他信息是同样的，可以多准备2套，用于地下室、地上主体工程办理质量监督备案所提交的资料。

6）办理施工许可证

①前置条件：建院项目按缺项受理，需提供工程规划许可证、消防设计审核受理单（加建设单位缺项承诺书）。

②工作程序如下：

在办理工程规划许可证阶段，就开始筹备好施工许可申请资料，提交申请资料至建设单位盖章；

申请资料中不可缺少工程规划许可证复印件及消防设计审核受理通知单复印件，建设单位应出具缺项承诺书；

提交五象新区规划建设管理审批局窗口受理，待审批。

③需准备的资料见表4.2-14。

办理施工许可证需要提交资料                    表4.2-14

| 序号 | 资料名称 | 要求 | 份数 |
|---|---|---|---|
| 1 | 施工许可证申请表 | 盖申请单位公章，原件 | 2份 |
| 2 | 中标通知书或承发包通知书 | 盖申请单位公章，原件 | 1份 |
| 3 | 建设工程规划许可证及附件、附图 | 盖申请单位公章，复印件 | 1份 |
| 4 | 建筑安装工程劳动保险费缴纳凭据（按中标价的2%计算） | 盖申请单位公章，核原件，收复印件 | 1份 |
| 5 | 建设单位提供进城务工人员工资保障金缴费凭证 | 盖申请单位公章，核原件，收复印件 | 1份 |
| 6 | 施工单位提供进城务工人员工资保障金证书 | 盖申请单位公章，收复印件 | 1份 |
| 7 | 市政建设配套费缴费凭证 | 盖申请单位公章，核原件，收复印件 | 1份 |
| 8 | 消防设计审核备案 | 盖申请单位公章，核原件，收复印件 | 1份 |
| 9 | 施工单位购买的广西壮族自治区社会保险基金专业收款收据（工伤保险） | 盖申请单位公章，核原件，收复印件 | 1份 |

④审批单位信息：五象新区规划建设管理审批局。

⑤工作要点及注意事项如下：该项工作是整个报建事项的终点，但受前置条件影响，本项目调整报建计划及思路，在工程规划许可证和消防设计审核项业务中，由于消防设计审批时限较长，着重协调高新区规划局加快批复，同时采取在缺消防设计审核合格意见书的条件下申请施工许可复印件，达到了预想目标。后期应加强与消防部门的对接沟通，争取在短时间内获得合格意见书，持意见书换施工许可证原件。

## 4.3 报建管理典型案例

### 案例一：总承包模式项目施工单位拨缴工会经费基数取值事宜

EPC工程总承包是对项目勘察、设计、采购、施工、试运行等实行全过程或若干阶段的承包模式。现阶段，我区工程总承包项目一般采用"勘察—设计—施工"或"设计—施工"的总承包模式，则项目的中标价一般包含勘察费、设计费、施工费（或工程费）等费用，且该几项费用会在中标通知书中分别列明。

工程总承包合同以项目的中标通知书为依据签订，合同价同样包含了勘察费、设计费、施工费（或工程费），并一一列明。

按照相关文件规定，项目在报批施工许可证的过程中，需缴纳以下几项费用，主要包括建筑安装工程劳动保险费、农民工工资保障金、工伤保险、工会经费，这些费用按照相关规定由建设单位或施工单位缴纳，具体缴纳金额一般以中标价或合同价为基数乘以一定的费率得出。

在传统施工总承包项目中，以上几笔费用均以施工总承包的中标价或合同价即施工费（或工程费）为基数乘以相应费率进行缴纳。当项目采用工程总承包模式之后，部分收费部门仍要求以中标价或工程总承包合同价为基数进行缴纳，而工程总承包项目的中标价或合同价除了施工费（或工程费），还包含了勘察费、设计费，这明显是不合理的。

根据《建筑安装工程费用项目组成》（建标〔2013〕44号），以上几笔费用属于建筑安装工程费中的"企业管理费"和"规费"，即这些费用本就是工程费的一部分，所以传统施工总承包项目中以施工费为基数缴纳以上费用合规合理。勘察费、设计费属于设计咨询费，在建设工程造价中属于"工程建设其他费用"，即除施工费（或工程费）以外的第二部分费用，这部分费用不应作为收费基数。

本项目在办理施工许可证前置手续阶段，也出现施工总承包单位缴纳工会费未能按中标价的施工费进行取值缴纳的问题，当时政策未明确，亦没有相应管理制度支持和指导总承包模式项目如何取值缴纳，为保证项目顺利开工建设，完善相应施工许可手续，施工总承包单位按中标价进行缴纳工会费。

工会费缴纳基数取值问题，是项目报建工作中头号需解决的问题，后来实施某总承包项目建设中，由总承包单位牵头加强与相关部门沟通协调，获得了有关部门的理解和支持。

**1. 事件问题描述及处理过程**

某总承包项目工程在办理施工许可审批手续过程中，按照相关文件规定需施工单位配合缴纳"工会经费"。在传统施工总承包项目中，工会经费均以施工总承包的中标价为基数乘以相应费率进行缴纳，项目采用EPC总承包模式后，中标通知书的中标价包含勘察费、设计费、施工费、暂列金额费共四项。由于施工许可审批窗口部门对工程总承包模式理解程度不一，不同意以中标价中的施工费为基数缴纳"工会经费"，以往项目总承包施工单位为配合尽快获取施工许可证，则按中标价总价为基数缴纳，而该项目施工单位认为勘察、设计部分不由他们承担缴纳，理应由总承包方负责勘察、设计部分的"工会经费"，为顺利推进项目获取许可施工的批复，项目组报建负责人员前往南宁市建委的建设工会部门进行协调，经沟通后，南宁市建设工会拟同意以总承包模式项目的中标施工单位提请说明函按施工费为基数来缴纳"工会经费"。

沟通过程中重点提到的相关依据是南宁市城乡建设委员会、南宁市总工会和南宁市财政局《关于印发〈关于在建设行业依法成立工会组织和拨缴工会经费（建会筹备金）的实施意见〉的通知》（南建[2011]9号），《广西壮族自治区建筑装饰装修工程费用定额》中约定工程总造价仅指建安费，并不包括勘察、设计等咨询费。

**2. 事件处理结果及总结分析**

经历几个总承包项目报批报建工作后，在办理相关审批业务过程中，会遇到相关部门及相关经办人员对总承包模式的概念认知及理解有偏差的情况，因此造成对具体缴纳工会经费基数取值理解不一，这不仅给建设单位获得施工许可证审批工作带来极大困难，也给施工方总承包方造成部分经济损失，因此，某总承包项目协调工会经费事宜的同时，也请求南宁市建设工会同意在以后由工程总承包模式中标的项目中，给予工会费缴纳方施工单位按中标价中的"施工费"来计取缴纳。

**案例二：工程安全防护、文明施工措施费用使用监控协议（五方协议）**

事件问题描述及处理过程如下：某总承包项目改扩建工程计划于监督管理部门指定银行开立安全防护、文明施工措施费资金专项账户，因项目采用EPC总承包模式，银行原有的监控协议版本已不再适用，为明确协议各主体的责任与义务，由总承包单位牵头与施工单位、银行负责相应业务的经理就协议的版本进行了多次讨论，最终确定该五方协议的最终版本。

现将讨论点及处理过程总结如下。

**1. 确定协议主体**

该项目的承包人为联合体，安措费包含在施工费中，联合体中的设计牵头方应作为协议中的单独一方，还是与施工单位一起作为一方签订本协议？

处理结果：联合体的设计牵头方应作为该笔费用的监管单位之一，故应与施工方分别作为协议的主体签订本协议，因此，本协议的主体为，甲方（建设单位）、乙方（联合体单位设计牵头方）、丙方（联合体单位施工方）、丁方（建筑安全监督机构）、戊方（银行）。

**2. 安措费的转账方式**

处理结果：根据《南宁市建设工程施工现场管理若干规定》（南宁市人民政府令第14号）第十一条的规定，甲方需将安全防护、文明施工措施费资金存入专项账户，因安全文明施工措施费包含在施工费中，如果该笔费用直接转入施工方的账户，设计总承包单位达不到监管的目的，且与工程总承包合同有所违背，故根据业务实际情况，讨论决定建设单位先将该笔资金转入总承包合同约定的设计总承包单位账户，再由设计总承包单位转入以施工总承包单位名称开立的专项账户。

**3. 安措费的金额及付款阶段划分**

处理结果：按《南宁市建设工程安全防护、文明施工措施费用管理规定》，以某项目为例，安措费金额为 1 224 684.00 元，第一次对外支付使用金额为 857 278.80 元，第二次对外支付使用资金 367 405.20 元，使用条件按《南宁市建设工程安全防护、文明施工措施费用管理规定》约定。

**4. 各方预留印鉴需重新约定**

施工方在银行开立的账户通过其余四方共留印鉴实现共管，该账户的预留印鉴为设计总承包单位的财务专用章、施工方的财务专用章、建设单位的法人代表印鉴章加建筑安全监督机构的"南宁市建管处安全文明措施费账户专用章"，银行根据协议约定办理印鉴预留手续。

**5. 施工方取款方式**

在工程实施过程中，根据有关规定及施工单位用款申请，由施工方填写转账支票，加盖甲、乙、丙方预留印鉴，送建筑安全监督机构，建筑安全监督机构在三个工作日内审核同意后，在支票上加盖其预留印鉴交回施工方，银行凭加盖有专用账户预留印鉴的支票办理结算。

事件处理结果及总结分析如下：由原监督单位提供的三方协议、四方协议模板，变为EPC总承包模式的五方协议模板，给后面采用EPC总承包模式项目起到了引导和借鉴作用。

在EPC工程总承包模式项目建设实践过程中，涉及的报批工作相关配套政策法律法规还存在遗漏和不符合现状发展的需求。因此，报建人员需要认真解读监督部门提供的政策文件等资料，并结合本项目的特点和实际情况，提出适合的解决措施，才能保证报建工作顺利开展。

## 4.4 项目竣工验收流程及移交

图4.4-1为总承包（EPC）模式项目竣工验收流程示意图。

### 4.4.1 桩基验收

**1. 前置条件**

（1）桩基工程已完成。

（2）施工过程中出现的各类质量问题已处理，质监机构责令整改的质量问题已全部整改完毕，出现的质量事故已按有关规定处理。

（3）完成相关检测。

**2. 桩基验收流程**

（1）收集相关验收资料见表4.4-1，并存放现场备查。

（2）将表4.4-1中的资料上报建设和监理单位，并由监理单位签署工程质量控制资料核查记录。

（3）各方责任主体签署桩基（地基处理）子分部工程质量检查表。

（4）桩基施工单位出具工程竣工报告，勘察、设计单位出具桩基子分部工程检查报告，监理单位出具桩基（地基处理）子分部工程质量监理评估报告。

（5）配合监理单位（建设单位）在验收前3个工作日将桩基（地基处理）子分部工程质量验收监督通知书报送质监站，并在验收前将表4.4-2中的资料提供给质监站。

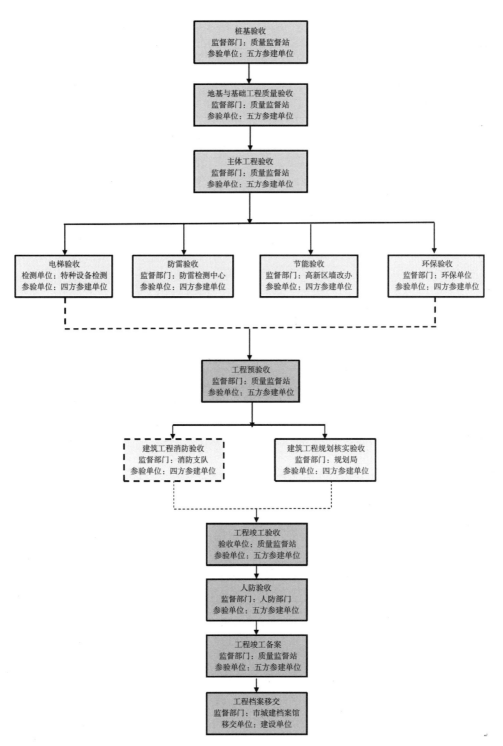

**图 4.4-1 总承包（EPC）模式项目竣工验收流程示意图**

桩基验收需存放现场备案资料清单  表4.4-1

| 序号 | 文件名称 | 要求 |
|---|---|---|
| 1 | 桩成孔记录 | |
| 2 | 桩施工记录 | |
| 3 | 钢筋笼加工、安装、隐蔽检验批验收记录 | |
| 4 | 灌注桩混凝土浇筑记录 | |
| 5 | 混凝土强度报告及评定 | |
| 6 | 基桩用材料合格证、检测报告和复检报告 | |
| 7 | 基桩承载力检测报告 | |
| 8 | 基桩桩身完整性低应变检测报告 | |
| 9 | 桩基子分部、分项验收记录 | |
| 10 | 单位（子单位）工程质量控制资料核查记录 | |
| 11 | 桩基子分部工程安全和功能检验资料核查及主要功能抽查记录 | |
| 12 | 桩施工记录汇总表 | |
| 13 | 自评报告 | |

桩基验收需提供给质监站的验收资料清单  表4.4-2

| 序号 | 文件名称 | 要求 |
|---|---|---|
| 1 | 桩基质量验收监督通知书 | |
| 2 | 桩基工程施工技术资料审查表 | |
| 3 | 桩基检测方案 | |
| 4 | 南宁市建设工程桩基检测专项备案申报表（含检测监督站盖章） | |
| 5 | 桩基检测报告 | |

（6）组织质监站、建设单位、勘察单位、设计单位、施工单位和监理单位到现场对桩基进行验收。

**3. 工作成果**

取得五方签字或盖章的桩基竣工验收意见书。

### 4.4.2 地基与基础工程质量验收

**1. 前置条件**

（1）地基与基础分部验收前，基础墙面上的施工孔洞须按规定镶堵密实，并做隐蔽工程验收记录。

（2）应拆除混凝土结构工程模板，对其表面清理干净，并对混凝土结构存在缺陷处整改完成。

（3）应清楚弹出楼层标高控制线，竖向结构主控轴线应弹出墨线，并做醒目标志。

（4）工程技术资料存在的问题均已悉数整改完成。

（5）已完成施工合同和设计文件规定的地基与基础分部工程施工的内容，检验、检测报告（包括环境检测报告）应符合现行验收规范和标准的要求。

（6）安装工程中各类管道预埋结束，相应测试工作已完成，其结果符合规定要求。

（7）地基与基础分部工程施工中，质监站发出整改（停工）通知书要求整改的质量问题都已整改完成，完成报告书已送质监站归档。

**2. 地基与基础工程质量验收流程**

（1）完成验收前自检整改工作。

（2）收集表4.4-3中的资料，并存放现场备查。

地基与基础工程质量验收流程存放现场备查资料清单　　　　　　　表4.4-3

| 序号 | 文件名称 | 备注 |
|:---:|---|---|
| 1 | 地基验槽记录 | |
| 2 | 预检工程记录 | |
| 3 | 工程定位测量及复测记录 | |
| 4 | 地基钎探记录 | |
| 5 | 基础混凝土浇灌申请书 | |
| 6 | 基础混凝土开盘鉴定 | |
| 7 | 基础混凝土工程施工记录 | |
| 8 | 基础隐蔽工程验收记录 | |
| 9 | 基础分部工程质量验收记录 | |
| 10 | 土方分项工程质量验收记录 | |
| 11 | 回填土分项工程质量验收记录 | |
| 12 | 混凝土分项工程质量验收记录 | |
| 13 | 钢筋分项工程质量验收记录 | |
| 14 | 砌体基础分项工程质量验收记录 | |

续表

| 序号 | 文件名称 | 备注 |
|------|----------|------|
| 15 | 模板分项工程质量验收记录 | |
| 16 | 现浇结构分项工程质量验收记录 | |

（3）收集表4.4-4中的资料，并上报质监站。

（4）组织质监站、建设单位、勘察单位、设计单位、施工单位和监理单位到现场对桩基进行验收。

桩基验收需提供给质监站的验收资料清单         表4.4-4

| 序号 | 文件名称 | 备注 |
|------|----------|------|
| 1 | 地基与基础工程质量验收监督通知书 | |
| 2 | 地基与基础工程施工技术资料审查表 | |
| 3 | 桩基子分部工程质量验收报告 | |

### 3. 工作成果

取得五方签字或盖章的地基与基础工程质量验收意见书。

## 4.4.3 主体结构验收

### 1. 前置条件

（1）主体结构分部各分项工程应按设计文件全部施工完成，并符合施工质量验收规范要求。

（2）参建各方责任主体质量行为资料经审查齐全，符合要求（资料应提前报质监站审查）。如果有整改通知单，则提出的问题必须全部处理完毕，并符合要求。

（3）现浇混凝土构件钢筋保护层检测合格。若需处理，应有设计验算核定单或处理意见且签字、盖章齐全。

### 2. 主体结构验收流程

（1）收集相关资料（详见质监站要求），并放现场备查。

（2）施工单位自评合格，形成结构自评报告，上报监理，监理评定合格。

（3）提前1周提交表4.4-5给质监站，并预约质监站来现场参与结构验收。

主体结构验收需提供给质监站的资料清单 表4.4-5

| 序号 | 文件名称 | 备注 |
|---|---|---|
| 1 | 主体结构质量验收监督通知书 | |
| 2 | 主体结构施工技术资料审查表 | |
| 3 | 地基验槽记录/地基处理子分部工程质量验收报告 | |
| 4 | 地基和基础分部质量验收报告 | |

**3. 工作成果**

通过主体结构验收并取得五方签字确认的主体结构验收意见书。

**4. 后续工作**

准备主体工程验收工作。

### 4.4.4 主体工程验收

**1. 前置条件**

(1)结构封顶。

(2)砖墙、构造柱、栏板、找平层等二次结构完成。

(3)结构实体检验完成(包括混凝土同条件试块、楼板厚度检测、回弹等)。

(4)结构分户验收完成。

(5)混凝土试块评定,砌筑砂浆试块评定,沉降观测等资料汇总完成。

**2. 主体工程验收手续**

(1)施工单位自评合格,形成结构自评报告,上报监理,监理评定合格。

(2)编制验收方案并分发各方。

(3)联系质监站、建设单位、勘察单位、设计单位、施工单位和监理单位到现场对主体工程进行验收。

**3. 工作成果**

通过主体结构验收并取得五方签字确认的主体工程验收意见书。

**4. 后续工作**

准备防雷验收工作。

### 4.4.5 电梯验收

（1）前置条件：①正式用电接入；②电梯已完成调试。

（2）电梯验收流程：由电梯安装公司负责进场验收。

（3）工作成果：获得电梯验收检验报告。

（4）后续工作：办理竣工验收。

### 4.4.6 防雷装置验收

**1. 前置条件**

（1）已获得南宁市防雷装置设计审核意见。

（2）防雷装置安装完毕。

（3）以下各阶段（表4.4-6）均通过防雷办现场检测，并出具检测记录。

各阶段施工节点 表4.4-6

| 阶段 | 施工节点 | 备注 |
|---|---|---|
| 1 | 基础、承台、地梁焊接 | |
| 2 | 人工接地体焊接 | |
| 3 | 有裙楼的建筑，裙楼顶防雷装置施工 | |
| 4 | 转换层防雷装置施工 | |
| 5 | 均压环焊接 | |
| 6 | 外墙金属门窗与均压环连接 | |
| 7 | 外墙玻璃幕墙与均压环连接 | |
| 8 | 天面避雷针、避雷带、避雷网格安装 | |
| 9 | 明敷引下线在外墙抹灰之前 | |
| 10 | 根据整改通知书要求，整改完成后 | |
| 11 | 易燃易爆场所增加等电位连接带焊接；生产储存销售设备安装；防静电设备安装三个阶段 | |

**2. 防雷验收流程**

（1）提交表4.4-7中的资料至南宁市防雷减灾管理中心（南宁市新竹路30号气象业务综合楼），并领取防雷装置竣工验收检测委托受理书。

（2）通知南宁市防雷减灾管理中心进行防雷装置竣工验收检测，取得防雷装置验收检测报告。如不合格，则要按照防雷装置验收检测整改意见整改后，重新通知防雷办来现场检测。

（3）提交防雷装置验收检测报告到南宁市气象局，然后由南宁市气象局通知建设单位到南宁市政务服务大厅气象局窗口办理防雷装置竣工验收行政许可。

防雷验收需要提交资料清单　表 4.4-7

| 序号 | 资料名称 | 备注 |
|------|----------|------|
| 1 | 防雷装置竣工验收检测申请表 | |
| 2 | 防雷接地平面图 | |
| 3 | 防雷工程隐蔽记录 | |
| 4 | 防雷工程质量评定表 | |
| 5 | 防雷设计变更记录 | |
| 6 | 接地电阻测试记录 | |
| 7 | 南宁市防雷装置设计审核意见 | |
| 8 | 广西壮族自治区房内装饰设计审核书 | |
| 9 | 取得防雷中心出具的防雷装置检测报告 | |

**3. 工作成果**

取得防雷中心出具的防雷装置检测报告。

**4. 后续工作**

办理建设项目竣工验收。

### 4.4.7 人防工程验收工作

**1. 前置条件**

（1）正式供电。

（2）通风设备安装完毕。

（3）人防工程安装完毕。

（4）取得人防设计院出具的人防工程质量评估报告。

**2. 人防工程现场验收流程**

（1）人防工程竣工，并进行验收资料准备，资料详见表 4.4-8。

（2）资料齐备后，交市政务中心人防办窗口备案。

（3）组织人防办、建设单位、施工单位、监理单位到现场进行人防检测。

人防工程验收需要提交资料清单                                 表4.4.8

| 序号 | 资料名称 | 备注 |
|---|---|---|
| 1 | 建设项目设计文件并联审查意见书 | 复印件1份 |
| 2 | 房产测绘成果报告 | 复印件1套 |
| 3 | 人防工程施工图（建、结、水、电、设） | 蓝图1套 |
| 4 | 人防工程施工图技术交底纪要 | 1套 |
| 5 | 设计变更通知 | 1套 |
| 6 | 隐蔽工程记录 | 1套 |
| 7 | 质量保证和自检材料 | 1套 |
| 8 | 分部分项工程质量评定表 | 1套 |
| 9 | 建设单位出具的该项目人防工程质量评估报告 | 1份 |
| 10 | 设计单位出具的该项目人防工程质量评估报告 | 1份 |
| 11 | 施工单位出具的该项目人防工程质量评估报告 | 1份 |
| 12 | 监理单位出具的该项目人防工程质量评估报告 | 1份 |
| 13 | 防护设备厂出具的该项目人防工程质量评估报告 | 1份 |

**3. 工作成果**

人防办出具的建设项目人防工程验收意见表。

**4. 后续工作**

办理建设项目竣工并联验收。

### 4.4.8 环保验收

**1. 前置条件**

（1）外立面完工、外架拆除、装修工程完工、垃圾、排水、噪声施工完成。

（2）楼栋间绿化完成。

（3）发电机房、水泵房等设备房已完工。

**2. 情况说明**

根据《广西壮族自治区环境保护厅关于贯彻落实〈建设项目环境保护管理条例〉取消建设项目环境保护设施竣工验收行政许可事项的通知》（桂环函〔2017〕1834号），自2017年10月1日起，各设区市、县（市、区）环境保护主管部门不得以任何理由、任何形式保留建设项目环境保护设施竣工验收行政审批事项。项目验收申请已经受理的，可继续办理完成。建设项目环境保护设施验收工作依法应由建设单位承担，负责组织编制验收报告，并依法向社会公开。

**3. 后续工作**

办理建设项目竣工预验收。

### 4.4.9　预验收

**1. 前置条件**

（1）接通正式水电。

（2）排污排水已接入市政管网。

（3）完成并通过消防、人防、环保、规划各分部验收。

（4）完成项目施工全过程资料的收集工作。

**2. 竣工预验收流程**

（1）由建设单位提交有关资料至质监站。

（2）编制预验收方案，并分发各方。

（3）联系质监站、建设单位、勘察单位、设计单位、施工单位、监理单位到现场进行工程预验收。

**3. 工作成果**

取得五方签字的工程预验收意见书。

### 4.4.10　建筑工程消防验收

**1. 前置条件**

（1）完成正式供电接入。

（2）消防工程安装及相关系统检测完成。

（3）完成质量监督机构质量验收。

（4）全套竣工图完成。

（5）完成电梯验收。

**2. 建筑工程消防验收过程**

（1）收集消防验收相关资料，资料详见表4.4-9。

（2）联系第三方检测单位来现场进行消防检测的第三方检测报告，并将报告归入上述资料。

（3）递交所有资料给片区报消防窗口。

（4）联系片区消防支队来现场进行消防验收。

消防验收需要提交资料　　　　　　　　　　表4.4-9

| 序号 | 资料名称 | 备注 |
|---|---|---|
| 1 | 建设工程消防验收申请表 | 原件2份 |
| 2 | 工程预验收意见书 | 原件1份 |
| 3 | 建设单位合法身份证明 | 复印件1份 |
| 4 | 建设工程消防设计备案凭证 | 复印件1份 |
| 5 | 办理单位授权委托书 | 复印件1份 |
| 6 | 各方确认的竣工图 | 蓝图原件 |
| 7 | 消防施工单位资质证明及五大员证明 | 复印件各1份 |
| 8 | 消防施工单位安装的消防产品相关合格证明（检测报告、合格证、厂家资质） | 复印件各1份 |
| 9 | 总承包施工单位资质证明及五大员证书 | 复印件各1份 |
| 10 | 设计单位的资质证明及水、电、建筑、暖通建筑师证 | 复印件各1份 |
| 11 | 监理单位的资质证明及至少两个监理执证人员的证书 | 复印件各1份 |
| 12 | 施工审图机构的资质证明及相关执证人员的证书 | 复印件各1份 |

**3. 工作成果**

取得消防支队出具的建设工程竣工验收消防备案受理凭证、建设工程竣工验收消防备案表。

**4. 后续工作**

办理建设项目竣工并联验收。

### 4.4.11 建筑工程规划核实验收

**1. 前置条件**

（1）完成工程建设。

（2）完成室外总平施工。

（3）划定停车位。

（4）已完成配套设施建设和小区道路、绿化。

（5）已拆除用地红线内应拆除的建筑物以及临时设施。

**2. 规划验收流程**

（1）准备建筑条件核实相关资料，资料详见表4.4-10。

规划核实验收提交勘察测绘院资料 表4.4-10

| 序号 | 资料名称 | 备注 |
|---|---|---|
| 1 | 材料真实性承诺书 | 原件1份 |
| 2 | 工程规划许可证 | 复印件1份 |
| 3 | 施工红线图 | 复印件1份 |
| 4 | 施工审图备案表 | 复印件1份 |
| 5 | 总平图（有规划局审定章） | 复印件1份 |
| 6 | 建筑施工图纸质版和CAD版全套（有规划局审定章） | 复印件1份 |
| 7 | 方案文本（有规划局审定章） | 复印件1份 |
| 8 | 如工程有人防地下室，需提供人民防空工程建设许可证及人防地下室区域位置示意图 | 复印件1份 |
| 9 | 一般建筑需提供房产测绘报告，如果为住宅商品房，需提供施工图测算报告 | 复印件1份 |

注：以上材料无特别注明，均需要提供复印件，并加盖申请单位公章。

（2）以上资料提交给南宁市勘测测绘地理信息院，并联系对方来现场进行建筑条件规划核实，得到经规划局审定并加盖技术审查章的施工图纸1套。

（3）填写建设工程规划竣工验收申请表，并根据申请表要求收集资料。

（4）提交表4.4-11中的资料至南宁市规划局。

（5）联系规划局、建设单位、施工单位、监理单位、设计单位到现场进行规划验收。

规划核实验收提交南宁市规划局资料 表4-4.11

| 序号 | 资料名称 | 备注 |
|---|---|---|
| 1 | 建设工程规划竣工验收申请表，按表中要求如实填写 | 原件1份 |
| 2 | 法人委托书、法人身份证（须有法人签名或盖章） | 复印件1份 |
| 3 | 经办人身份证 | 复印件1份 |
| 4 | 申请报告 | 原件1份 |
| 5 | 土地证及其附件、建设用地规划许可证及其附件 | 复印件1份 |
| 6 | 原审批的总平面图（复印件） | 复印件1份 |
| 7 | 开工单，（临时）建设工程规划许可证或建设工程规划许可证及其附件 | 原件1份 |
| 8 | 施工红线图 | 原件1份 |
| 9 | 经规划局审定并加盖技术审查章的施工图纸1套（原件） | 复印件1份 |
| 10 | 勘测院竣工测量书（含竣工测量图）、附磁盘1张 | 原件1份 |
| 11 | 房产测绘报告书1份（须含报告书全部内容） | 复印件1份 |
| 12 | 竣工工程结算书1份，必须由具有造价审核资质的第三方提供 | 原件1份 |

续表

| 序号 | 资料名称 | 备注 |
|------|----------|------|
| 13 | 建筑四个立面照片1组 | 原件1份 |
| 14 | 质量监督站的备案表1份 | 复印件1份 |
| 15 | 对于2006年以后取得建设工程规划许可证的建设项目,须提供跟踪卡1份 | 原件1份 |
| 16 | 档案移交证明(在市行政审批大厅窗口办理),如有多栋建筑共用1张证明,且分期申报竣工的,须在申报第一栋建筑时提交原件,其他建筑提交复印件,但须在复印件上注明"原件已于申报第×栋楼时已提交"字样,并由建设单位盖章确认 | 复印件1份 |
| 17 | 有违法建筑经处理后的,提交处罚决定书及发票 | 复印件1份 |
| 18 | 规划部门认为需要提供的其他相关材料 | |

### 3. 工作成果

取得规划局发出的建设工程规划条件核实通知书。

## 4.4.12 建筑工程竣工验收

### 1. 前置条件

(1)完成并通过消防、人防、环保、规划各分部验收。

(2)通过项目预验收。

(3)完成项目施工全过程资料收集。

### 2. 竣工验收流程

(1)由施工单位进行网上申请报验竣工验收,并上传相关资料。

(2)收集并提前一周提交表4.4.12中的资料至质监站。

(3)联系质监站、建设单位、勘察单位、设计单位、施工单位、监理单位到现场进行竣工验收。

建筑工程竣工验收需提交质监站资料  表4.4.12

| 序号 | 资料名称 | 备注 |
|------|----------|------|
| 1 | 工程竣工验收监督检查通知书 | 原件 |
| 2 | 工程竣工验收实施方案(附验收组名单) | 原件 |
| 3 | 单位(子单位)工程施工技术资料审查意见表 | 原件 |
| 4 | 钢结构子分部工程质量验收报告 | 原件 |
| 5 | 幕墙子分部工程质量验收报告 | 原件 |
| 6 | 建筑节能工程分部质量验收报告 | 原件 |
| 7 | 南宁市建筑节能专项验收核验表 | 原件 |

| 序号 | 资料名称 | 备注 |
|---|---|---|
| 8 | 主体结构分部工程质量验收报告 | 原件 |
| 9 | 施工单位工程竣工报告 | 原件 |
| 10 | 监理单位工程竣工质量评价报告 | 原件 |
| 11 | 勘察单位勘察文件及实施情况检查报告 | 原件 |
| 12 | 设计单位设计文件及实施情况检查报告 | 原件 |
| 13 | 建设工程施工许可证 | 提交复印件，原件备查 |
| 14 | 建设工程规划许可证 | 提交复印件，原件备查 |
| 15 | 工程质量保修书 | 原件 |
| 16 | 建设工程竣工标牌图片 | 原件 |
| 17 | 住宅的住宅质量保证书和住宅使用说明书 | 原件 |
| 18 | 电梯验收检验报告 | 提交复印件，原件备查 |
| 19 | 安全和使用功能检测情况表（需提交该表中所涉及的专项检测报告原件） | 原件 |
| 20 | 单位工程质量逐套验收汇总表 | 原件 |

**3. 工作成果**

取得五方出具的竣工验收报告，取得质监站出具的建设工程质量监督报告。

### 4.4.13 工程竣工备案

**1. 前置条件**

（1）建设工程竣工验收合格。

（2）已获得规划、环保等部门出具的认可文件或者准许使用文件。

（3）法律规定应当由公安消防部门出具的对大型的人员密集场所和其他特殊建设工程验收合格的证明文件。

（4）验收合格之日起15日内提出申请。

（5）工程验收过程合法。

（6）取得支付工程款和进城务工人员工资的有效凭证材料目录。

**2. 竣工备案流程**

（1）收集竣工资料，详见资料表4.4-13。

（2）提交资料至南宁市政务服务中心市城建委窗口。

竣工备案需提交资料                                       表4.4-13

| 序号 | 资料名称 | 备注 |
|---|---|---|
| 1 | 工程竣工验收备案表 | 原件，2份 |
| 2 | 支付工程款及进城务工人员工资的有效凭证（后附具体说明） | 复印件 |
| 3 | 环保部门验收准用文件 | 核原件，收复印件 |
| 4 | 法律规定应当由公安消防部门出具的对大型的人员密集场所和其他特殊建设工程验收合格的证明文件 | 核原件，收复印件 |
| 5 | 有关法规、规章规定必须提供的其他文件 | 收复印件 |
| 6 | 建设单位工程竣工验收报告（含竣工验收存在问题整改通知书及意见书各1份） | 原件 |
| 7 | 建设工程施工许可证 | 核原件，收复印件 |
| 8 | 建设行政主管部门施工图设计审查文件 | 核原件，收复印件 |
| 9 | 施工单位工程竣工报告 | 原件 |
| 10 | 监理单位工程竣工质量评价报告 | 原件 |
| 11 | 勘察单位勘察文件及实施情况检查报告 | 原件 |
| 12 | 设计单位设计文件及实施情况检查报告 | 原件 |
| 13 | 建设工程质量竣工验收意见书 | 提交复印件，原件备查 |
| 14 | 建设工程规划许可证（2014年1月1日之后开工的项目，只需提供工程规划核实单） | 核原件，收复印件 |
| 15 | 工程质量保修书 | 原件 |
| 16 | 商品住宅的住宅质量保证书和住宅使用说明书 | 原件 |
| 17 | 建设、勘察、设计单位项目负责人及施工单位项目经理，监理单位总监理工程师工程质量终身责任承诺书、法定代表人授权书、质量终身责任信息一览表（2014年11月27日之后五方验收的项目必须提供） | 原件 |
| 18 | 申请人主体资格材料（企业、单位提供营业执照或组织机构代码证等复印件，自然人提供身份证复印件）、委托书及经办人身份证复印件 | 收复印件 |
| 19 | 建设工程质量监督报告 | 南宁市建设工程质量监督站出具 |

注：以上所有复印件均需加盖单位公章，并注明原件存放地点。

**3. 工作成果**

完成项目竣工验收备案。

### 4.4.14 工程档案移交

（1）前置条件：完成竣工备案。

（2）竣工备案流程如下：①收集竣工资料（依据档案馆要求准备资料）；②提交资料至南宁市城建档案馆业务指导科（一楼大厅）。

# 第5章 项目设计管理

## 5.1 设计管理部的主要工作

设计管理部，顾名思义，就是主要负责对设计的管理及把控，从项目前期投标阶段便开始介入，时刻参与，控制过程，直至施工图出图后，施工过程中的现场调整反馈，变更的管理，都离不开设计管理。

设计管理的主要任务如表5.1-1所示。

各阶段设计管理任务 表5.1-1

| 序号 | 设计管理阶段 | 设计管理任务 | 管理成果（记录） |
|---|---|---|---|
| 1 | 项目投标 | 组织编制设计投标文件 | 技术标 |
| | | 参与拟定勘察、设计合同，参加合同谈判 | 勘察、设计合同谈判记录<br>勘察、设计合同 |
| 2 | 设计准备 | 掌握建设单位需求和意图 | 设计任务书 |
| | | 收集相关的设计基础资料 | 建设基础资料（用地图、地形图、路网图、雨污管网资料等） |
| 3 | 方案设计 | 组织方案设计，协调专业设计 | 协调会议记录，联系单 |
| | | 组织方案评审 | 方案评审意见 |
| | | 方案设计文件验收并存档 | 方案设计文件、批复文件 |
| | | 组织编制绿建、海绵、节能、交评等方案 | 绿建、海绵、节能、交评方案评审意见；<br>绿建、海绵、节能、交评方案文本、批复文件 |
| 4 | 项目勘察 | 编制工程地质勘察任务书 | 工程地质勘察任务书 |
| | | 组织勘察单位进场勘察，并出具工程地质勘察报告 | 工程地质勘察报告、审查报告、备案文件 |
| 5 | 初步设计 | 检查和控制设计过程 | 检查记录 |

续表

| 序号 | 设计管理阶段 | 设计管理任务 | 管理成果（记录） |
|---|---|---|---|
| 5 | 初步设计 | 初步设计内部评审 | 评审记录、会议纪要 |
| | | 参加初步设计评审 | 评审记录、会议纪要 |
| | | 初步设计文件验收并存档 | 初步设计文本、批复文件 |
| 6 | 施工图设计 | 检查和控制设计过程 | 检查记录 |
| | | 施工图设计内部评审 | 评审记录、会议纪要 |
| | | 协调审图公司、督促设计答复及修改 | 审图通过文件（审图报告、审图备案表）、盖审图章的施工图 |
| | | 协调主设计单位配合专业设计并审核深化设计 | 专业设计施工图，深化设计施工图 |
| 7 | 设计变更管理 | 配合施工现场，协调、评估设计变更 | 协调会议记录，联系单 |

## 5.2 工程总承包项目设计协调管理

在工程总承包项目中，设计管理并不是独立存在的，而是与各个部门之间相互协作，相互配合。

### 5.2.1 设计部与项目管理部的协调

项目管理初期，公司任命项目经理，并组建项目团队，创建项目管理部。项目团队中包括设计管理部、施工管理部等各生产部门人员。项目执行期间，设计管理部依据项目管理部制定的项目管理体系文件和流程进行相关设计管理。

项目管理部中的报批报建也是总承包项目管理的重要环节，设计管理部除了日常设计管理工作，还需负责项目报批报建中协调对接设计部的工作。

### 5.2.2 设计部与其他部门的协调

设计管理部除了需要与项目管理部协调合作，也需要与以下部门协调合作。

**1. 设计管理部与科技质量部的协调**

科技质量部负责图纸管理，出具的设计图纸的审批与收集。科技质量部与设计管理部的协调分为以下几个方面：

（1）负责技术标准管理，设计管理部对图纸的深度和标准进行审核与把控，确保图纸能达到规定深度和符合相关规范。

（2）科技质量部还负责设计项目的创优和申报，对优秀的设计项目，由设计管理部推荐及申报给科技质量部。

（3）科技质量部负责设计类业务的"三标"体系运行管理。定期对设计管理的资料进行管理体系内审、管理评审。

**2. 设计管理部与合约采购部的协调**

该工作包含材料采购，搭建工程项目生产要素采购数据库，收集工程各类造价信息，完善数据库。设计管理部在项目管理过程中，根据材料采购部数据库中提供的设备型号参数、性能、报价，在预算的范围内，与业主沟通，选用最适合的设备形式与材料，与设计师协调，及时调整设备形式与材料，以期达到项目的最优化配置。

**3. 设计管理部与施工管理部、投资控制部的协调**

设计管理部与施工管理部直接相关。设计图纸直接影响现场施工，设计图纸的可行性，设计的变更，对施工影响较大。设计管理部与施工管理部的合作和沟通对项目管理起着重要的作用。

投资控制部负责项目各阶段的造价管理，把控项目估算、概算、预算和决算投资，设计管理部把控设计的各个阶段，评估图纸是否超出概算和预算，利用自身专业能力，与设计人员沟通，优化设计方案。与投资控制部的协调，有利于了解各项造价，节约投资和成本。

## 5.3 设计进度计划的编制

（1）项目按照合同确定的竣工日期制订项目一级进度计划，安排设计、施工、采购工作，并制订设计进度计划。设计进度计划的订立需要与采购和施工计划紧密配合。

（2）在保证设计基本工期的前提下，应最大限度地利用与报建、施工之间的相互配合，充分优化安排工期，制订最优的设计进度计划。

（3）召开设计进度计划会和进度协调会，及时掌握最新设计动态，积极解决设计工作中的困难，保证设计工作的顺利进行。

广西国际壮医医院项目勘察、设计工作进度计划表如表5.3-1所示。

广西国际壮医医院项目勘察、设计工作进度计划表      表5.3-1

2016年2月

| 序号 | 工作阶段 | 办理事项 | 工作内容 | 主导部门 | 计划开始时间 | 计划完成时间 | 工种负责人 | 工日数（天） | 备注 |
|---|---|---|---|---|---|---|---|---|---|
| 1 | | 向主席汇报 | 方案外立面汇报 | 建筑工程五所 | 2月3日 | 2月26日 | ×× | 23 | 2月26日确定方案 |
| 2 | | 配合施工 | 总平修改、确定施工用总平 | 建筑工程五所 | 2月3日 | 2月15日 | ×× | 12 | 完成，2月28日出图 |
| 3 | | 配合施工 | 平面修改 | 建筑工程五所 | 2月3日 | 3月10日 | ×× | 36 | |
| 4 | | | 单体及总平方案技术审查 | 建筑工程五所 | 3月11日 | 3月26日 | ×× | 15 | |
| 5 | 方案阶段 | | 单体及总平方案报建 | 建筑工程五所 | 3月27日 | 4月5日 | ×× | 9 | |
| 6 | | | 人防设计条件 | 总包 | 4月6日 | 4月16日 | ×× | 10 | |
| 7 | | 初设前报建和方案设计 | 交通影响评价报审 | 交通所 | 3月11日 | 5月10日 | ×× | 60 | |
| 8 | | | 绿建报建 | 建筑工程五所 | 3月11日 | 5月10日 | ×× | 60 | |
| 9 | | | 绿色医院二星 | 建筑工程五所 | 3月11日 | 5月10日 | ×× | 60 | |
| 10 | | | 海绵城市、可再生能源 | 设备三所 | 3月11日 | 5月10日 | ×× | 60 | |
| 11 | | | 夜景照明 | 设备三所 | 3月21日 | 4月20日 | ×× | 30 | |
| 12 | | 勘察 | 出具中间勘察报告 | 华蓝岩土 | 3月16日 | 4月30日 | ×× | 45 | 中间报告 |
| 13 | 地质勘察 | 勘察 | 出具最终详勘报告 | 华蓝岩土 | 3月16日 | 5月10日 | ×× | 55 | 详勘报告 |
| 14 | | 超前钻 | 完成超前钻报告 | 华蓝岩土 | 5月11日 | 6月25日 | ×× | 45 | 超前钻报告 |
| 15 | | 支护设计 | 完成放坡支护图 | 华蓝岩土 | 4月1日 | 4月10日 | ×× | 9 | 放坡部分 |
| 16 | 配合支护设计 | 配合支护设计 | 基础图 | 建筑工程五所 | 4月20日 | 4月30日 | ×× | 10 | 支护设计用 |
| 17 | | 支护设计 | 完成全部支护图 | 华蓝岩土 | 5月1日 | 5月10日 | ×× | 9 | |

续表

| 序号 | 工作阶段 | 办理事项 | 工作内容 | 主导部门 | 计划开始时间 | 计划完成时间 | 工种负责人 | 工日数（天） | 备注 |
|---|---|---|---|---|---|---|---|---|---|
| 18 | 初步设计 | 初步设计 | 初步设计 | 建筑工程五所 | 4月6日 | 5月26日 | ×× | 50 | |
| 19 | | | 初步设计评审及修改 | 建筑工程五所 | 5月27日 | 6月6日 | ×× | 10 | |
| 20 | | | 初步设计批复 | 建筑工程五所 | 6月7日 | 6月14日 | ×× | 7 | |
| 21 | 基础、地下室施工图设计 | 基础、地下室施工图（含人防） | 基础、地下室施工图设计 | 建筑工程五所 | 4月20日 | 6月14日 | ×× | 55 | |
| 22 | 主体施工图 | 施工图 | 施工图设计 | 建筑工程五所 | 6月14日 | 7月19日 | ×× | 35 | 6月14日至8月23日均含设计、审核、出图及审图通过时间 |
| 23 | | | 施工图校对审核、优化 | 建筑工程五所 | 7月20日 | 8月3日 | ×× | 14 | |
| 24 | | | 打图、晒图 | 建筑工程五所 | 8月4日 | 8月7日 | ×× | 3 | |
| 25 | | | 施工图审图通过 | 建筑工程五所 | 8月8日 | 8月23日 | ×× | 15 | |
| 26 | | | 室内装饰设计 | 建筑工程五所 | 6月14日 | 8月23日 | ×× | 70 | |
| 27 | | | 特殊区域设计 | 特殊医疗所 | 6月14日 | 8月23日 | ×× | 70 | |
| 28 | | | 智能设计 | 达科 | 6月14日 | 8月23日 | ×× | 70 | |
| 29 | | | 景观设计 | 景园所 | 6月14日 | 8月23日 | ×× | 70 | |
| 30 | | | 夜景照明 | 设备三所 | 6月14日 | 8月23日 | ×× | 70 | |
| 31 | 辅助配合工种 | | BIM设计 | BIM中心 | 6月14日 | 8月23日 | ×× | 70 | |
| 32 | | | 物流系统 | 建筑工程五所 | 6月14日 | 8月23日 | ×× | 70 | |
| 33 | | | 污物收集系统 | 建筑工程五所 | 6月14日 | 8月23日 | ×× | 70 | |

注：2016年3月2日调整：出图时间调前为8月23日，基坑支护许可函时间为4月15日（放坡支护图纸办理），支护设计和基础设计提前。

## 5.4 设计管理风险管控

本工程由于规模较大、专业多、周期较长、生产复杂等，在设计及实施过程中存在许多不确定的因素，进行设计风险管控对项目管理目标的实现尤为重要。设计风险及其防范措施如表5.4-1所示。

广西国际壮医医院项目设计风险管控表　　　　　表5.4-1

| 风险类型 | 风险项目 | 防范措施 | 责任人 |
|---|---|---|---|
| 设计风险 | 设计深度不符合要求 | 检查设计图纸深度，深度不够时要求及时进行补充 | 设计管理人员 |
| | 设计人力资源不足 | 要求增加，申明后果 | 设计管理人员 |
| | 设计变更，造成费用增加 | 查明哪方发起变更，评估增加费用是否为预算内，对超出概算的部分组织会审及各方评审 | 设计管理人员 |
| | 医疗项目特有的医疗流程、气体工程 | 熟悉医疗流程和气体工程的专业知识 | 设计管理人员 |

（1）组织建立设计风险管理机制，明确各专业管理人员的风险管理责任，专人专项对接，减少项目管理及实施过程中的不确定因素对项目的影响。

（2）设计风险管理过程应包括项目实施过程中对设计的风险识别、风险评估、风险响应和风险控制。

## 5.5 项目设计管理实操

### 5.5.1 设计管理部的岗位设置

本项目的设计管理由EPC项目部中设计管理人员负责对接业主方基建部、后勤部，协调、解决与设计技术相关的问题。EPC项目部的设计管理人员负责对设计管理的工作进行监督管理，包含对设计进度管理、方案、初步设计、施工图的管理，通过设计交底、施工图会审、设计变更等方式进行管理。

设计管理部的岗位设置情况，详见图5.5-1。

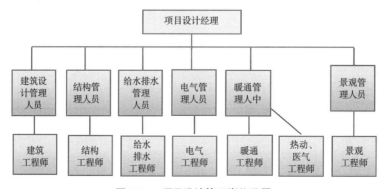

图5.5-1　项目设计管理岗位设置

项目设计管理岗位的职责及分工如下。

**1. 项目设计经理**

（1）负责设计管理工作的总体组织、协调；

（2）负责按照总承包EPC项目部的管理制度、流程对项目设计过程进行管理；

（3）负责编制总专业设计进度计划，并把控设计进度；

（4）负责协调、跟踪业主确认设计成果；

（5）负责设计过程中在各设计阶段的对外衔接，及时落实与建设主管部门的沟通，组织与业主、监理、过程控制单位的沟通；

（6）落实设计例会、设计专题会议的召开/会议组织及会议纪要的记录工作；

（7）负责组织设计交底和图纸会审工作。

**2. 各专业设计管理人员**

（1）负责编制各专业设计进度计划，并跟踪设计进度；

（2）负责协助设计经理协调、跟踪业主确认设计成果；

（3）负责协助设计经理在设计过程中在各设计阶段的对外衔接，及时与业主、监理、过控单位的沟通；

（4）负责与各专业设计专业负责人、设计人员的沟通，解决设计过程中存在的问题，对图纸进行的质量和进度进行把控；

（5）负责解决施工过程中的设计问题；

（6）负责设计管理过程中各类来往函件、资料、通知、报告的上传下达工作；

（7）负责完成各设计阶段的设计文件及图纸的收发、存档管理工作。

### 5.5.2 设计前期准备阶段

设计向前拓展可配合前期规划、咨询服务，向后延伸可指导采购和施工。在项目实施过程中，设计工作贯穿EPC项目从开始到结束的全过程，设计管理贯穿于项目全过程，并具体体现设计意图和设计理念。设计管理是EPC工程总承包项目管理中的关键。

（1）保证可行性研究报告的深度和合理。可行性研究报告是工程设计的重要文件，是确定工程项目投资的基础。应确保其编制深度和广度符合EPC模式的要求。确保可行性研究报告技术方案可行、合理，报告内容详细全面、准确，避免因可行性研究报告编制深度不够、投资估算不准而对项目评估产生大的偏差，造成后续设计的错误。

（2）保证沟通顺畅，项目部设置负责设计沟通的专门人员，使项目部与业主之间、与设计部门之间及与施工部门之间在设计方面的联系通畅，使总承包工程各方之间的沟通程序化、规范化，保证设计方案能够在设计过程中及时得到实施、纠偏、优化。

（3）了解设计人员情况。具体了解项目负责人、各专业负责人和设计人员的基本情况及设计经历。

（4）熟悉合同情况及可行性研究报告，清楚设计具体内容、设计范围和设计要求。

（5）学习其他项目的成功经验与不足之处。总结出适用于本项目的设计管理方法。

（6）组织设计相关负责人开熟悉动员会，详细说明项目情况和要求，提前考虑项目需注意的部分和内容。

### 5.5.3 建筑功能及特点

广西壮族自治区国际壮医医院对中国–东盟传统医药领域的合作、交流具有重要的平台作用，因而有着十分重要的地位。

（1）该医院项目在整体形象和装修效果方面运用壮锦、绣球、花山壁画等传统元素，门诊楼屋顶设置广西特有的药用植物，立面处理以"竹简"形象寓意"壮医大典"，从形象与功能上体现了本项目对壮族民族性、壮瑶医文化的传承与弘扬。

（2）在VIP病房和诊室装修设计中，该项目大胆综合运用了东南亚各国风情元素，采用人性化的房间设置与高档的装修材料，又充分体现了壮医院项目的国际性定位。

（3）在节能方面，采用了按用途和管理单元进行用水计量，绿化采用节水灌溉等方式。在环保方面，采用装配式轻质隔墙、装配式机房，尽可能地保护环境，减少施工扬尘噪声。

（4）为提升国际壮医院项目品质，在广西率先实行按二星绿色医院标准进行设计。设置生态停车场，下沉式绿地，按建筑能耗进行分区和分项计量，合理利用太阳能热水系统等节能措施。

### 5.5.4　方案设计管控

一般来说，项目设计管理的工作流程是通过方案设计、初步设计到施工图设计的顺序进行，但这并不表明项目各阶段之间存在明显的界限。事实上，每个阶段相辅相成，项目各阶段之间所产生的成果相互联系。

应根据合同和可行性研究报告，对设计方案的合理性、经济性、可施工性进行把控。

合理性包括布局和功能合理。

经济性体现在通过经济、合理的设计方案，降低项目建设的投资与之后的运营成本。

可施工性是指将施工知识和经验最佳地应用到项目的策划、设计、采购和现场施工中，以实现项目的总体目标。在总承包模式下，当合同总价、工期确定时，设计管理人员需要参与到工程设计中，将管理实践经验和相关专业知识融入设计过程中，对系统进行优化设计，保证设计、制造、采购、施工等主要环节的协调性。

### 5.5.5　初步设计控制

初步设计是开展施工图设计的依据。在编制初步设计文件时，其内容与深度应按照EPC工程总承包项目的要求进行。按照方案设计的范围和内容，重视设计方案的质量和深度。合理把握主要设备选型和设计方案的确定，做到设计方案明晰合理、初设概算完整准确。确保初步设计文件内容的完整性、准确性，确保初步设计文件的深度满足施工图设计的要求。避免因初步设计文件编制深度不够、初步设计概算不准而产生一定的设计偏差，出现不应有的设计缺项和漏项。

初步设计完成后，组织相关专家对初步设计方案进行论证，从而在保证工程质量的前提下，有效降低项目的投资金额。

### 5.5.6 施工图设计控制

施工图设计是承接设计与施工的重要环节，是将设计成果得以实现的重要前提。施工图质量的高低、设计的投资控制，对施工质量、施工的可实现性以及成本控制都有决定性的作用。因此，对施工图设计的控制，就更为重要和关键。

为保证施工图设计质量，主要有以下几点控制措施。

**1. 关注施工图设计与确认**

（1）在设计期间，应多次组织设计交流，及时了解设计过程中遇到的困难，对涉及总包范围内的问题，积极予以解决，推进施工图设计工作；

（2）设计方提交施工图设计成果后，EPC项目部按要求完成施工图报建及业主确认工作，并将意见及时反馈给设计人员，进行修改和完善；

（3）EPC项目部设计管理人员定期组织设计单位进行设计交底和图纸会审，各单位对图纸进行仔细研读后，提出修改建议或要求，经各方讨论确定"图纸会审纪要"（图5.5-2）。

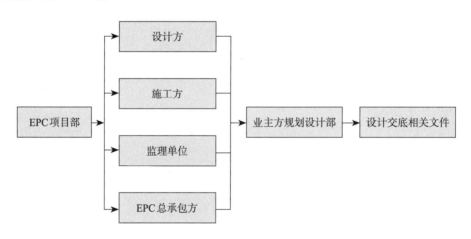

图5.5-2　设计交底流程

**2. 设计变更的管控**

1）设计变更的提出

设计管理人员审查施工图纸时，如发现问题，应及时提请设计单位另行变更出图，或在施工图会审交底时，在施工交底图纸会审纪要中明确以上变更内容。

在施工阶段，如工程施工进度急迫，设计单位出设计变更图纸的时间满足不了要求，可由EPC项目部设计管理人员在征得业主方同意的前提下，与施工单位沟通，先出工程联系单，确认具体做法，交设计单位盖章确认，后由设计人员补充变更设计图纸。

对于由业主方提出的设计变更，应以书面相关材料，如函件的形式为准（图5.5-3）。

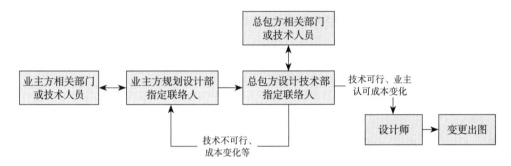

**图5.5-3 设计变更流程（业主方（含监理单位、过控单位）提出）**

2）设计变更的论证

EPC项目部设计管理人员收到设计变更要求后，应组织有关部门进行技术和投资论证分析，并形成可行性意见。

EPC项目部设计管理人员应对设计变更涉及施工现场当时的进度情况配合项目部进行描述，确认有无返工量，对工期有无影响，有无明显增加投资等，并对方案的可行性和对进度的影响提出明确意见。

EPC项目部应明确设计变更相关工程量的增减量，并与原图纸作法进行比较，由合约部对此产生的造价成本增减量予以确认。

3）设计变更的实施

评估设计变更是否对报建有影响，若有，则需重新报批。

设计变更图纸须视作施工图的一部分，按照图纸签收程序，接受图纸的单位应有人员进行签收。对于较为复杂的设计变更，EPC项目部设计管理人员应到现场专门组织监理、施工单位、设计单位进行交底（图5.5-4）。

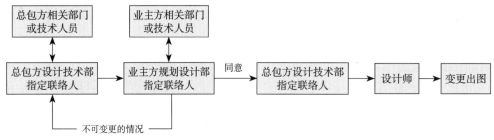

**图5.5-4 设计变更流程（总包方提出）**

### 5.5.7 深化设计管理

施工图深化采用国际通行的"谁承包谁出深化图"的做法（图5.5-5）。各分包商承担各自的深化设计工作，总承包方负责对各分包商的深化设计进行统一管理，以避免图纸上的混乱，影响工程进度和质量。

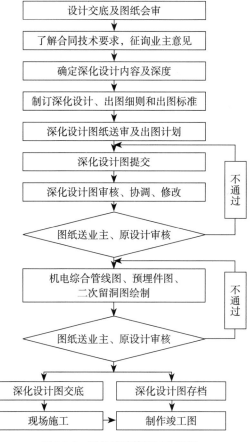

**图5.5-5 深化设计管理工作流程**

总承包设计管理部负责把控深化设计管理的具体质量。各分包商必须明确专职的深化设计负责人，并与总承包设计管理部相应的专业负责人对口联系。分包单位深化后的图纸，统一由EPC项目部设计管理负责人交由设计院相应各专业设计师校对及审核，确保图纸的正确性，并完善深化设计管理工作流程。

### 5.5.8　设计阶段的成本控制

与以往的工程设计相比，EPC工程总承包管理模式赋予设计许多新内涵、新特点，也给设计提出了更高的要求。在EPC模式下，工程设计不是独立的工作，而是与采购、施工、试运行等阶段相互交叉、相互配合的有机整体，总承包工程通常采用总价合同形式。在总价的前提下，要求设计单位尽量降低设计成本，保证设计质量、进度、投资的和谐统一。设计管理已成为EPC项目部管理人员的一项重点工作。

设计阶段的成本控制，应做到以下几点。

**1. 设计方案的经济性——限额设计**

经济、合理的设计方案，可以最大限度地降低工程项目的投资金额。在总承包模式下，为获取最大利润，防止费用超支，总包单位必须把工程造价作为全过程控制的重点工作之一。而作为设计牵头的总承包商，在设计源头控制上有着得天独厚的优势，比如每个子项在从方案到施工图设计的过程中，严格执行限额设计，在施工图出图后第一时间交给预算部门打出施工图预算，一旦发现某个子项的施工图预算超过该项的初步概算，则通过现场设计管理人员组织设计、预算、施工等部门开会讨论解决方案，在优化的过程中集思广益，利用新技术新科学，攻克一个个技术难题，在满足规范和使用要求的前提下优化设计，从而达到控制成本的目的。

**2. 优化设计**

优化设计的目的就是在满足质量和业主要求的前提下，充分发挥EPC项目的整体协调优势，不仅要对设计技术可行性研究，更要对其材料选用的经济性和施工手段的合理性进行审查，最大限度地降低工程成本。

优化设计，主要从以下几方面考虑：

（1）优化设计方案

**案例一：** 处理项目东侧特殊医技楼与南面停车场设计的6m高差时，以自然放坡代替原设计的挡土墙方式，更改边坡支护结构形式。节省建设费用300万元。

**案例二：** 优化基础施工工艺，进行浅层平板试验，对地勘数据进行严格复核，提供更为准确的承载力特征值，优化了主楼基础形式。节省建设费用2000万元。

**案例三：** 原初设方案为离心制冷主机加风冷热泵机组（选用3台2637kW冷量的离心式冷冻机组+1台1347kW冷量的螺杆式冷冻机组+3台1334kW冷量的风冷热泵机组+2台507kW冷量的全热回收型风冷螺杆式机组，总冷源容量12 793kW）。后经过设计优化，改为离心制冷主机加蒸汽锅炉系统（选用3台3699kW冷量的变频离心式冷冻机组+1台1115kW冷量的全热回收螺杆式冷水机组+2台4吨蒸汽锅炉+1台2吨蒸汽锅炉+2台2949kW冷量的换热器+2台410kW冷量的换热器）。经过优化，与原方案相比较，节省空调冷热源系统造价约20%，节约空调系统年运行费用约16%，计划将节省部分费用用于建造新增锅炉系统。

（2）优化选材

在保证质量的前提下，合理优化管材，可达到节约投资的目的。

**案例：** 积极与厂家沟通，了解各给排水管材技术的优劣，优化给水排水支管管材，节省建设费用100万元。

组织各专业设计人员讨论优化设计，对超额专业的设计，进行优化调整。

（3）优化各专业管线

运用BIM技术，优化各专业管线。运用BIM技术检查各专业管线碰撞，利用软件优势设计出管线综合平面图，优化线路、减少管材浪费，提前检查碰撞并指导施工，节约间接经济效益近400万元。并复核设备专业计算书，优化各管道横断面。

（4）控制造价

对各区域精装档次按需规划，达到造价控制目标。对不同档次规格的房间，进行区分造价。

（5）节约投资

加强协调沟通，达到节约投资目标。作为设计牵头的总承包商，项目团队在现场的工作主要是沟通、组织、协调。所以，与业主、施工单位以及各分包商之间的博弈是必不可少的。由于施工方掌握采购大权，作为牵头方的总包公司，如何对施工方的采购进行管理和控制，又该如何替业主当好管家，这都是总承包方日夜思索的东西。一方面，组织预算部门与施工方核对工程量清单以及材料信息价。另一方面，材料进场后，组织各方现场验收通过后就地封样，在日后的施工管理中，严格按照样板进行验收。在施工及采购环节，真正为业主当好管家，为项目争创效益当好牵头人。

（6）控制变更数量以减少返工量

设计出图前，对图纸进行校对、内审、外审等环节，降低错误率，提高图纸质量，避免后期因图纸问题造成返工，增加造价。对于由于现场调整或业主要求进行的变更，由EPC项目部组织专人对变更进行评估，确认有无返工量，对工期有无影响等，并对方案的可行性和对进度的影响提出明确意见，尽可能地降低返工等造成的损失。

### 5.5.9 施工阶段的设计管理与控制

EPC项目管理的核心是通过设计与施工过程的组织集成促进设计与施工的紧密结合，以达到为项目建设增值的目的。在EPC工程总承包管理模式下，设计几乎贯穿于工程施工过程的始终。在施工阶段进行有效的设计管理，对节约工期、指导施工有重要的意义。

**1. 以里程碑节点目标控制各阶段进度计划**

EPC项目是边设计边施工的项目，通过对设计的管理，可及时调整施工工序或工时。经过总承包管理部对项目进度的优化，本医院项目主体封顶日期比原计划提前7个月。

**案例一：**设计牵头，主动分析关键施工路线障碍，合理优化施工进度

问题：本项目因雨季和扬尘治理影响，土方外运工作滞后约2个月。

（1）运用BIM技术对原场地标高进行数据分析，精准计算工地现场回填土方量，将回填用土暂时用场内空地搁置，减少了土方外运量。

（2）加快勘察设计周期，在土方外运的同时，即实现基坑支护出图，并同期开展基坑支护腰梁和锚索的施工。

（3）提前根据设计图纸开展各专业分包的招标工作（装饰装修、幕墙、门窗、

机电安装、洁净、屏蔽防护等），完成合同签订，制订节点要求，组织各专业分包单位进场施工，施工工序高效连接。

（4）提前出图，并提供给施工方备料，各种土建材料、机电设备、装饰装修材料、幕墙材料在工作面展开前提前准备材料，避免工人窝工。

（5）采用跳仓法施工，将项目场地划分为A、B两区12个区块，共24个区块，进行平行作业施工。

（6）采取群塔作业方式，大大提高施工工作效率。

**案例二**：主动优化构造做法，加快推进施工速度

（1）通过调整地下室外墙防水保护层做法，将原120mm厚砌体保护层改为30厚挤塑聚苯乙烯泡沫板，节省约1个月的工期。

（2）取消裙楼基础梁，增加防水底板厚度，将原裙房"独立基础+250mm厚防水底板+基础连系梁"更改为"独立基础+400mm厚防水底板"的形式，取消基础梁，节省工期30d。

**2. 组织图纸会审、技术交底和各专项会议，说明设计意图，指明一些易错的问题**

工程设计完成后，设计应向施工提供工程项目设计图纸、文件，及时向EPC工程总承包项目的施工方及工程监理方进行施工图纸会审和技术交底，说明设计意图，解释设计文件，明确设计要求。施工方参与设计可施工性的分析，参加重大设计方案及关键设备吊装方案的研究。

**3. 根据工程施工需要进行现场施工服务，解决施工中出现的设计问题**

派遣各专业有经验的设计管理团队常驻现场（图5.5-6），每周召开设计、施工协调例会，会上对图纸问题进行交底，对施工问题进行反馈和沟通，提出解决方案，并以销项表的形式逐项解决落实，参与验收和管理。对传统模式而言，设计牵头总承包的最大优势在于提前发现设计或施工问题，并主动解决现场反馈问题，及时给予现场技术指导，做到设计施工深度结合，加快项目推进。最大限度地避免了因为设计或者施工错误而造成的因返工延误工期、投资浪费等问题。

**4. 对设计变更进行管理和有效控制**

减少变更造成的现场返工，节约工期和成本。

图5.5-6 设计管理团队驻现场指导

**5. 资料交接清晰**

施工过程中的各专业蓝图、过程白纸图、电子图、变更、函件、工程联系单等试行程序化管理，建立台账，记录清晰。及时将图纸台账、资料台账告知各参建单位，避免资料混乱。变更图纸时，及时通知到相关施工负责人，防止施工人员未看到变更后的图纸而造成施工错误。

### 5.5.10 问题总结与分析

如今EPC发展日益广泛，越来越多的项目采用EPC工程总承包管理模式建设。使设计真正纳入EPC工程总承包项目管理中，是设计工作的当务之急。因此，要从根本上转变传统的设计观念和意识，建立适应EPC工程总承包项目特点的新型设计管理体制，逐步实现由过去传统的设计管理体制向现代国际工程公司管理方向的转化，使工程设计逐步纳入EPC工程总承包项目管理中。应充分发挥设计的核心作用和优势，使工程设计更好地为EPC工程总承包项目服务。

在EPC模式下，工程项目对设计质量要求更高、设计深度要求更细。设计质量是决定工程质量、控制工程费用的主要因素，是决定工程项目成败的关键。应确保工程设计质量，尤其是确保设计方案质量，提高设计方案的合理性。应高度重视工程项目可行性研究报告、初步设计和施工图设计工作，切实提高各阶段设计文件的深度，确保设计文件的合理性、准确性、适用性。避免因设计方案或图纸有误或深度不够、投资估算不准而产生的偏差、现场返工，以致增加成本和延误工期。

但在项目实施过程中，EPC总承包项目普遍存在设计跟不上总承包项目管理需求的情况，主要表现在以下几点。

**1. 设计图纸错漏和欠缺可施工性考虑**

设计图纸是现场施工的技术支持和主心骨，设计图纸问题或设计考虑不周，会直接导致现场施工出现问题。设计工作质量把控不到位，设计人员把控不住现场情况及变数，会导致设计的可实施性存在问题，出现设计修改或变更；设计出图进度、深度不能满足现场采购、施工进度的要求，以"交作业"的形式出完图即完成任务的形式对待等。下面列举几个设计考虑不全或错误，造成现场错误的案例，以说明设计阶段管理的重要性。

**案例一：** 电梯机房设备工字钢基础在安装时存在问题，通常电梯厂家在拿到设计图纸后会进行深化设计，会根据自己的设备型号在电梯机房的楼板上要求土建施工方预留洞口（图5.5-7），然后将设备承重的钢梁架设在洞口两侧，钢梁的两头要搁置在主体的承重梁上，以保证受力安全。

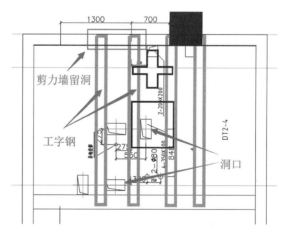

**图5.5-7　电梯机房楼板留洞图**

**原因分析：** 由于设计与厂家缺乏直接沟通，剪力墙结构通上电梯机房，不会考虑给工字钢预留一个洞口，而厂家直接与施工方对接，要求在剪力墙上留洞，以便在后期可以将工字钢梁头搁置在结构承重梁上。剪力墙不属于主要承受竖向荷载的构件，施工方在得到设计默许后，便自行按厂家要求在剪力墙上留洞，以便后期电梯设备施工；在电梯机房是砖砌结构情况下，机房墙体无法承受电梯设备整体重量，需在机房顶设置横梁、吊钩。增加施工成本，破坏原结构墙体。

**问题反思**：设计方应考虑到施工安装的可能性，提前预留洞口。

**案例二**：屋面层出屋面雨篷或雨篷梁经常会出现碰头问题。

**原因分析**：因设计考虑不周全，空间想象力薄弱，特别是结构设计专业，往往忽略建筑标高下的结构构件占据空间，导致碰头问题的发生（图5.5-8）。

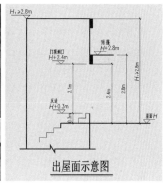

图5.5-8 出屋面示意图

**问题反思**：设计方不应只考虑到本专业，还应注意不同专业间的统一。

**案例三**：地下室楼梯间加压风口位置调整错误。图纸上加压风机吊装在一层机房，风管通过一层走道经一层楼梯平台给地下室楼梯间加压，风口设置于地下室梯段侧墙上。因考虑现场走道吊顶高度，加压风管尽可能高处安装，造成加压风口开于2层平台处，无法给地下室楼梯间加压，而且地下室楼梯间门上距离不满足风口安装高度（图5.5-9）。

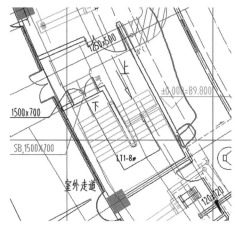

图5.5-9 地下室楼梯间加压风管设置

　　**原因分析**：设计未根据楼梯大样确定各风管和风口安装高度，未考虑现场施工及安装的可能性。

　　**解决方案**：经过现场实地调整，走道加压风管改为在楼梯间墙上设置立管，在立管下端设置横管伸入地下一层平台处，立管外包装饰材料。这样能有效解决地下室楼梯间加压问题。

　　**问题反思**：设计应考虑到实际可施工性。

　　**案例四**：护士站区域呼叫显示屏位置强弱电点位不统一（图5.5-10）。

图5.5-10　护士站区域呼叫显示屏位置强弱电点位

　　**原因分析**：装饰设计与智能设计提资不到位，预留的呼叫显示屏位置不统一。导致不能确定呼叫显示器安装位置而无法安装。

　　**解决方法**：组织业主、装饰施工分包、智能施工分包，装饰设计方按草签方案修改。因为个别区域装饰吊顶，墙面，地面都已完成，重新开槽走线成本高。所以修改为就近取电，明装PVC线槽走线。

　　**问题反思**：各专业须注意互相提资及修改。

　　**案例五**：消防主环管与人防门冲突（图5.5-11）。

　　**原因分析**：①设计师没有注意地下室层高太低；②设计时未对管道进行管综分析，且提醒位置冲突时可进行位置灵活调整；③施工员没有注意后期人防门的基本构造和人防门的高度，没有及时发现隐患。

　　**解决方案**：①割掉人防门的吊装钩，这个操作涉及人防验收；②改变消防主管安装位置。在综合各方意见和因素后，本项目最后决定修改管道位置。

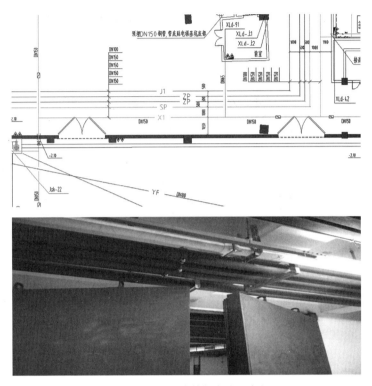

**图 5.5-11　消防主管与人防门冲突**

**问题反思**：设计方应了解人防门等设施的构造，考虑可施工性。设计管理人员在管理过程中也应考虑到相关情况。

从以上案例可以看到，设计不仅要有规范性、正确性，还应具备可施工性和可操作性，设计人员由于经验不足或未考虑到实际问题，易出现图纸与施工无法对应问题，这就要求设计管理人员能从不同项目中积累相关经验，提前发现图纸中的问题，并在实际施工中预判及避免相关问题。

**2. 设计人员综合能力不够**

在设计过程中，设计人员造价意识薄弱，不考虑经济性，设计团队未能融入总承包项目管理，仍然按照传统设计模式行使设计任务。应加强现场设计管理人员的现场处理能力和优化能力。设计管理人员不仅要能提前发现相关图纸中的问题，也需要具备根据现场情况及时优化和解决实际问题的能力。以下为现场设计管理人员的优化及现场解决问题案例。

**案例一**：如图 5.5-12 所示，医院内部大部分车辆出入口均由位于项目东南角的汽车主出入口进出，加上项目南面道路处于交通十字路口，项目东面为口腔医院，按此设计，项目东南向出入口极容易造成交通堵塞。另外，院区南面道路横穿人行主出入口，造成人车混流，极容易造成交通隐患。

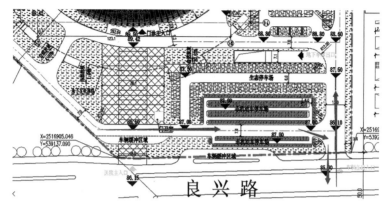

**图5.5-12 总平面原设计图纸**

**问题分析**：在进行总平面设计时，设计师未能充分考虑到复杂医院项目的人车分流设计，项目交通设计评审相对滞后，导致出现人车混行的情况。

**解决方法**：与业主沟通，提出优化建议，在用地南面人行出入口增设汽车出口，车辆右出后直接行驶到市政道路，业主同意后项目管理人员与规划局沟通，管理部门考虑到项目南面与口腔医院相邻，原方案容易造成医院内部及门口处交通堵塞，同意修改出口（图5.5-13）。

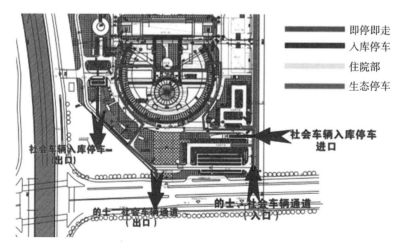

**图5.5-13 总平面调整后图纸**

案例二：医院项目用地东面特殊医技楼，由于场地高差关系，原设计特殊医技楼±0.00与南面室外地面高差近6m，原设计采用永久性钢筋混凝土挡土墙，该设计既不美观，建造成本较高（图5.5-14）。

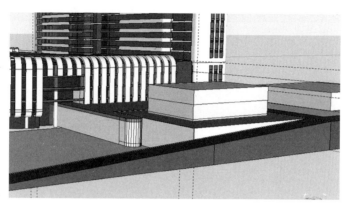

**图5.5-14　调整前——永久性钢筋混凝土挡土墙**

**问题分析：**在不影响原有建筑规模和使用功能前提下，对挡土墙进行优化，因特殊医技楼为二期建设项目，现阶段就对南面挡土墙进行施工并不合理，一来影响特殊医技楼基础施工，二来对特殊医技楼后期设计有一定的局限。

**解决方法：**将原挡土墙改为自然护坡形式，单体建筑在原特殊医技楼地下室南面增设一个出入口，变成现在较流行的高±0.00方式。此方案在特殊医技楼未施工前，可以将该区域由挡土墙改为自然放坡，待以后该项目启动时将护坡进行正常开挖即可，可以有效地节约100多万元资金，同时为医院增加了一片约500m²的绿地（图5.5-15）。

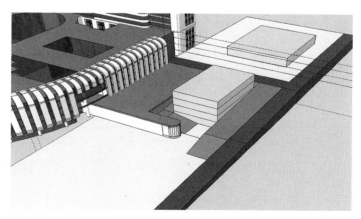

**图5.5-15　调整后——自然放坡**

案例三：高温水排放要充分考虑排放后的降温处理和防腐处理。原设计考虑消毒中心供应室采用高温水泵排水，施工方无法采购提升废水温度达到60℃以上的水泵。

**原因分析：**结合其他医院案例分析，此科室的污废水酸度很大，污废水排放温度较高，排此类水必须采用特殊钢材。设计师设计时，只考虑一般排水的可能性，没有考虑到排放的废水温度对污水提升泵的破坏性，以及废水的酸性对排水管材的腐蚀（图5.5-16）。

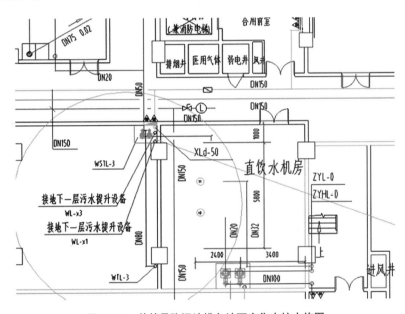

**图5.5-16 从简易降温池排向地下室集水坑水施图**

**解决方法：**鉴于此处排水的特殊性，最后在消毒中心设置一个简易降温池，降温处理后，再排入地下室集水坑，用污水提升泵往室外排放。废水从设备排出的所有管材使用不锈钢管（图5.5-17）。

案例四：项目钢雨篷之上的门诊、急诊等楼体标识大字设计，设计应保证美观醒目，才能发挥标识作用；同时，由于这些字处在人员密集区域，又要保证结构安全可靠，材料经久耐用。第一版施工图中存在问题：①用钢量太大，结构过于复杂，自重大，使雨篷无法承重；②钢架立柱没有考虑落脚点，落脚点位置与玻璃爪件冲突，无法实现安装；③立柱为50mm×50mm的方通，玻璃之间的拼缝只有10mm，节点无法实现安装（图5.5-18）。

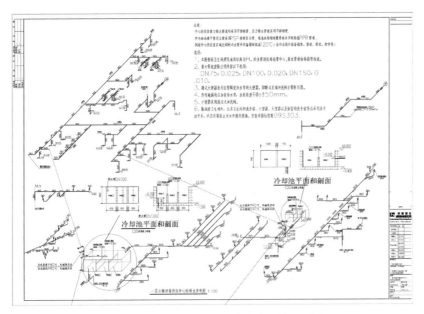

图5.5-17 设置降温池后整个排水系统原理图

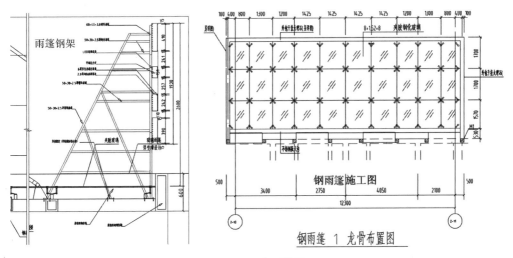

图5.5-18 钢雨篷图

**问题分析**：设计经第二版、第三版优化后，对钢架笔画做了简化，设计成了田字格，受力合理，明确，外观简洁大方；并且，对连接节点进行了优化，将钢板连接改变为焊接工字钢连接，连接处厚度减少为10mm，方便施工安装。

**问题处理**：标识施工通常由有相关经验资质的专业分包完成，但施工分包往往规模不大，通常不配备专业的设计人员，尤其不具备结构计算能力，他们提供的图纸往往不能满足设计院出图要求；而设计院通常只对结构安全负责，没有标识设计施工经验，设计出来的图纸不能满足现场安装条件。作为设计牵头总承包方，不仅要懂建筑主体设计，还应该熟悉更多建筑增项功能并具备一定能力，在处理问题中积累更多经验，在今后的项目中提前发现并解决问题，避免施工时才发现问题，难以处理。

**3. 设计人员的认识不足，设计管理人员综合能力有待加强**

应加强设计管理人员的沟通协调能力。在EPC模式下，设计管理人员需要具备相关专业知识和管理经验，根据现场情况及时调整优化设计方案和解决现场问题，减少施工和设计中问题传递程序和时间，极大节约工时。同时，设计管理人员还需具备良好的沟通协调能力，与各方进行有效的沟通，使问题得到解决。

例如，根据医院感控设计要求，手术部不同级别之间应设计感应电动门。根据《民用建筑设计通则》第6.10.4条规定，转门、电动门、卷帘门和大型门的邻近应另设平开疏散门，或在门上设疏散门（图5.5-19）。因《民用建筑设计通则》中条文与医院内部感控设计（图5.5-20）发生冲突，当两本设计规范针对同一内容有解释重叠时，应按要求高的规范执行。

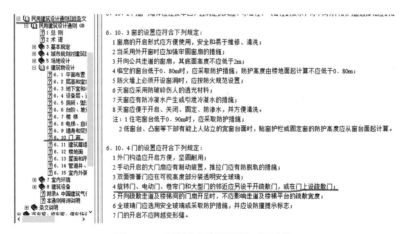

**图5.5-19 《民用建筑设计通则》要求**

**问题分析**：考虑到业主的使用要求，经查阅相关医院设计规范，在医院设计极少用到的规范《医院洁净手术部建筑技术规范》12.0.6中查到，当洁净手术室设置的自动感应门停电后能手动开启时，可作为疏散门。

**处理结果**：经多次与消防验收部门进行沟通，考虑到手术的特殊性，消防

12.0.4 当洁净手术部所在楼层高度大于 24m 时，每个防火分区内应设置一间避难间。

12.0.5 与手术室、辅助用房等相连通的吊顶技术夹层部位应采取防火防烟措施，分隔体的耐火极限不应低于 1.00h。

12.0.6 当洁净手术室设置的自动感应门停电后能手动开启时，可作为疏散门。

12.0.7 洁净手术部应设置自动灭火消防设施。洁净手术室内不宜布置洒水喷头。

图5.5-20 医院感控要求

部门认可提出的意见，同意在手术部内走廊上增加当停电可以手动打开的感应电动门。

经过多次有效的沟通和协调，设计管理人员终于解决了相关问题。对于设计管理人员来说，沟通能力是必备的能力之一。

EPC模式对工程设计管理和设计人员的素质和能力提出了更高要求，相关企业应加强对复合型人才的培养力度，使设计管理人员在掌握专业设计知识的同时，不断积累工程项目管理经验，提高综合素质和能力。设计管理人员不仅应具有丰富的专业技术知识和良好的设计基础，还应具有所从事工程设计项目的相关阅历，尤其是已建类似工程项目的相关经验。充分了解、掌握设计和管理在以往相关工程建设项目中存在的问题与不足，吸取教训、总结经验，及时采纳对工程建设项目有益的建议，就能不断提升设计管理能力和增强改进设计水平。

对此，在EPC工程总承包模式下，本书对设计管理工作有以下几点建议。

（1）转变传统设计观念，致力于项目全过程服务

设计人员受计划经济及传统"设计-招标-施工"模式的影响，还停留在把设计当作一个独立的工作过程，仅做设计的阶段，缺乏对项目全过程的管理与服务。但是，在EPC工程总承包模式下，总承包项目部下设设计部为常设机构，相关设计管理人员可以在设计部进行现场办公，改变传统设计观念，将设计人员的工作职责延伸到工程采购和施工阶段，直接参与工程采购和施工管理。

同时，需要提高设计人员的造价意识和风险意识，在设计过程中考虑方案后期实施的可施工性、可操作性和经济性，从项目全局的角度致力于项目全过程的设计和服务，对整个工程的设计、采购、施工和试运营负责。设计管理人员应处于现场第一线，运用其现场管理经验，改进设计，优化设计。

（2）逐步建立适应EPC工程总承包特点的设计管理体制

完善的设计管理制度是EPC模式发挥实效的重要保障。随着国家近年来出台相关政策大力推行工程总承包模式，越来越多的工程项目将会采用该模式，传统模式的设计管理制度已不适应工程项目的发展，应随之转变设计管理体系，建立适用性更强的EPC总承包模式。

设置适应项目特点的项目管理组织机构，应根据项目需求和企业内部控制要求制订项目内部运营管理程序和设计管理制度。制订EPC工程总承包项目管理体系，建立相应的设计管理制度，规范设计流程和沟通协调机制。完善设计奖惩和薪酬考核机制，激发设计活力，服务于工程总承包。

（3）确保工程设计质量，提高工程设计深度

设计质量能决定工程质量。应确保工程设计质量，尤其是确保设计方案质量，提高设计方案的合理性、正确性，注重设计变更与调整设计过程的管理，加快设计进度，以满足总承包项目的需求。针对不同设计阶段进行重点管理，是决定工程项目成败的关键。

在全过程设计管理中，加强协调，处理好与业主、监理、设计、施工、分包商、采购部门等的关系至关重要。加强设备及材料采购、施工方案与设计方案的配合，在设计阶段统筹考虑设备定型，以及相应的施工方案，使施工方案与设计成果相融合，使设计周期、采购周期、施工周期深度交叉融合，缩短项目周期，降低造价，确保项目顺利有序地进行。

（4）加强人才培养，注重对复合人才的培养

EPC工程总承包项目要求设计管理人员具备更高更全面的知识、能力和思维。设计管理人员不仅需要掌握专业设计知识，积累工程项目管理经验，还需加强沟通协调能力、造价知识、采购知识、施工知识的积累和学习，培育风险意识、合同意识、造价意识，熟悉现场施工的主要技术方案和措施，掌握现场施工相关经验。

# 第6章　项目施工管理

## 6.1 技术控制

### 6.1.1 施工方案编制管理控制

**1. 施工方案编制依据**

（1）已批准的施工图和设计变更；

（2）设备出厂技术文件；

（3）已批准的项目总体施工组织设计和专业施工组织设计；

（4）合同规定采用的标准、规范、规程等；

（5）施工环境及条件；

（6）类似工程经验和专题总结。

**2. 施工方案的内容**

（1）工程概况及施工特点：施工对象的名称、特点、难点和复杂程度；施工条件和作业环境；需解决的技术和要点。

（2）确定施工程序和顺序：技术、经济比较分析，确定施工方法、专业施工顺序及施工起点流向。

（3）明确施工方案对各种资源的配置和要求。

（4）进度计划安排：确定施工全过程在时间和空间上的安排。

（5）工程质量要求：确定保证措施、质量标准、检测控制点、测具、方法及预控方案。

（6）安全技术措施：确定危险源辨识，预控方案，文明施工及环保。

**3. 编制要求**

（1）明确施工方法、质量目标、安全保障措施；

（2）进行多方案技术、经济比较，择优选用；

（3）施工方案可行范围；

（4）施工方案应适应动态的施工环境变化要求；

（5）施工方案的依据及计算结果常有不确定性，要有预案。

**4. 编制程序**

（1）明确设计、用户、企业技术资源、工程进度要求，设备技术说明及专用工具，施工及技术验收规范的规定。

（2）在理解各方面需求的基础上，明确项目应达到的目标，如安装精度、工艺工序要求等。

（3）分析影响因素及其相互间制约关系，综合考虑找出多种可行方案。

（4）评价和对比不同的方案。

（5）得出优化方案。

（6）提供方案。

（7）审核。

**5. 施工方案的编制与管理流程图（图6.1-1）**

图6.1-1 施工方案的编制与管理流程图

**6. 施工方案控制要点**

（1）施工前，重点检查施工方案报审内容是否完善，报审程序是否完成，一般分部分项工程施工方案由项目技术负责人进行审批，然后报监理审核，一式六份，经项目技术负责人、总监理工程师签字确认后，交接各方留底，资料分类保存后方可实施；对于具有一定规模或者具有一定危险性的施工方案，如深基坑工程、高大模板工程，则要求施工单位按照相关规定组织召开专家论证会，根据需要到现场实地考察，施工方案经专家论证修编通过，并经各方负责人签字确认存档后，方可实施。

（2）本项目后期有大量精密的医疗设备入场，还需要审核由医疗设备厂家提供的设备进场施工方案，如核磁共振MRI、CT、手术室吊塔等设备，都要对其前期的安装条件（如水电预留、磁屏蔽等）、进场路线、施工顺序步骤等进行方案审核，组织各方召开会议沟通通过后，在施工方案上签字存档后方可实施，避免引起不必要的返工或者设备损失。

### 6.1.2 技术交底

**1. 基本要求和注意事项**

（1）技术交底必须安排在单位工程或分部、分项工程施工前进行，并应为施工留出适当的准备时间。技术交底必须及时，不得后补。未经过技术交底的工序，不得进行施工。

（2）技术交底要有针对性，交底内容与对象要相适应，特别是第三级交底，要分不同工艺、不同工种进行，要保证操作人员熟练掌握工序要点、注意事项、施工方法、工艺细则、工序质量标准和技术要求。各级施工技术交底的主要内容根据层次、对象的不同，进行交底的内容、侧重点也相应不同。

（3）对易发生施工质量通病和安全事故的工序和部位，在技术交底时，应着重强调各种预防施工质量通病和安全事故发生的技术措施和注意事项。

（4）交底内容应结合质量、职业健康安全和环境管理体系的要求，在进行技术交底的同时，进行质量、安全、环境方面的技术交底。

（5）应建立施工技术交底台账。整个施工过程包括各分项分部工程的施工均须作技术交底，技术交底不可漏项，不能只进行主体工程交底而忽略附属工程。

（6）技术交底必须以书面形式进行，并辅以口头讲解或操作演示。技术交底应形成技术交底书，并附有必要的图表。所有书面技术交底，均应经过项目总工程师的审核，字迹要清楚、完整，数据引用正确。技术交底会议记录应保存完整，交接双方必须认真履行签字手续，应亲自签字，并注明交底日期，以实现可追溯性。技术交底书格式为后附附件，也可根据业主要求或自己需要自行设定，但整个项目应统一格式。

（7）技术交底应严格执行施工规范、规程及合同文件要求，不得任意修改、删减或降低工程质量标准。

（8）技术交底应将项目的质量目标、创优目标贯穿其中；质量目标要在技术交底中得到体现。对影响工程内在、外观质量的关键机械设备、模板、施工工艺等，技术交底中应有明确的强制性要求。应编制关键工序施工细则，加强关键工序工艺细则的交底，使技术管理精细化切实落实到工序过程控制中。

（9）进行技术交底时，可根据需要，邀请业主、监理和有经验的操作工人等相关人员参加，必要时对交底内容作补充修改。

（10）技术交底应注重实效，做到责任落实到人，方法、步骤落实到位，不要为了应付检查而流于形式。可采取内业技术交底和现场操作交底相结合的方式。

（11）对于涉及已经批准的施工方案、技术措施的变动，应按有关程序进行审批后执行，应及时对交底内容作补充修改，并应重新进行技术交底。

（12）对于技术难度大、采用"四新"技术、关键过程、特殊过程、危险性较大分项分部工程等关键工序，应进行内容全面、具体而详细的技术交底。

（13）技术交底资料应由项目工程部负责监督管理，工程竣工时纳入工程档案。

**2. 项目三级技术交底步骤**

（1）一级技术交底（项目施工技术总体交底）：工程开工前，由项目经理主持；交底人为项目总工，就工程总体情况进行全面技术交底；参加人员为本项目各部门负责人、分项工程负责人及全体管理人员。

（2）二级技术交底：交底人为项目工程部长或项目技术员。在分部工程施工前，交底人应就各项工程、工序向施工作业队工序技术员、工班长或工序负责人进行交底；重点工程、重要分项工程的技术交底应由工程部长亲自交底。

（3）三级技术交底：交底人为专业施工作业队技术负责人、工序技术员、工班长，由技术人员主持。在分项工程施工前，交底人应就每个分项工程并以其工序为单元向各岗位作业员进行技术交底。

**3. 技术交底记录管理**

（1）项目各级技术交底均应按要求用相应表格由交底人做好记录，交底人和被交底人共同履行全员签字手续，并应保留详细交底内容的文件。

（2）工程部除应保存技术交底的记录和文件外，还应保存项目部工程总体交底记录和文件，并应建立项目技术交底台账。

（3）项目其他部门的交底文件和记录由各专业部门各自保存，也可以每季度或每半年交工程部统一归档保存。

（4）项目班组技术交底文件和记录由班组技术员负责保存，也可以每季度或每半年交工程部统一归档保存。

（5）项目工程部负责在整理竣工资料时将项目各级技术交底记录和文件进行统一整理，纳入竣工资料。

### 6.1.3 施工现场平面布置注意事项

（1）检查施工单位是否已按合同约定建立了施工项目部的组织架构，其架构上的人员配备是否满足合同要求及项目各个岗位资质需要。

（2）掌握施工方人员配备情况，检查分包单位资质、施工劳务队伍数量等是否满足现场施工所需。检查特殊工种人员资质证书是否符合要求（如有效期、专业、合同关系），且人员是否已到位。应对劳务队伍的资质、实力、信誉、履约能力等进行了解、考察。

（3）检查开工前期所需大型设备（如桩基成孔设备、挖掘机、塔式起重机等）的准备情况，并了解是否具备使用条件。

（4）在熟悉和了解设计图纸的基础上，审查施工单位材料进场计划和安排情况，及时督促施工对原材料进行材料试验和检验。

（5）检查现场进场道路及水、电、通信等是否已满足开工需要。

## 6.2 施工过程中变更管理

本项目产生的变更主要有两类，一类是对于现场施工有困难，影响进度的问题，每周组织例会，会同施工单位提出问题和优化建议，项目部再组织设计和投资管理部门论述优化的可行性，对于项目进度、施工、费用有利的变更，要求设计单位配合其优化。由于受前期土方开挖迟滞的影响，开工以来已经损失工期2个月，时间已至8月份，离年底完成正负零封顶的任务十分艰巨，在基础工程中，追回工期成为首要目标。

以下为加快工期的优化变更的案例。

**1. 地下室外墙防水保护层做法优化**

现场施工的技术难点：原设计要求地下室外墙防水保护层为120mm厚砌体

保护层，120mm砌体砌筑费工费时，且影响室外回填施工的关键线路。

优化措施及成效如下：取消120mm厚砌体保护层，改用30mm厚挤塑聚苯乙烯泡沫板作为防水保护层，在防水施工验收通过后，可与土方回填工作同步作业，节省工期近一个月（图6.2-1）。

图6.2-1 地下室外墙防水保护层施工

**2. 独立基础连系梁优化**

1）现场施工问题

在实施基础施工前，施工方反馈原裙楼"独立基础+250mm防水底板+连系梁"的形式，由于连系梁需要人工砌筑砖胎膜，非常费工费时。

优化措施及成效如下：优化了"独立基础+250mm防水底板+连系梁"的基础形式，通过设计核算，将防水底板加厚至400mm，同意取消连系梁。这一措施大大加快了施工进度，虽然底板厚度增加，却节约了大量砌砖人工和材料，节约工期近1个月（图6.2-2）。

2）变更引起的问题

这是由于业主在建设过程中不断发起变更，比如房间功能改变，医疗设备的供水供电方案发生改变等。对于这类变更，总承包方先与业主沟通变更方案的可行性与经济性对比，选取最优方案，同时指令施工单位暂缓该处施工。在取得业主书面确认的变更指令后，总承包方组织设计修改，变更图纸，变更发出后做好

图6.2-2 裙楼基础底板施工

签发台账,并完成交底。最后做好现场工程量的确认,并发起签证流程,为结算时发起索赔收集相关证据。

## 6.3 项目施工管理特点

广西国际壮医医院项目采用的是以设计单位作为牵头方的总承包模式,通过实际操作可以发现,以设计牵头的施工管理更有利于控制工程进度和缩短工期。

设计施工总承包模式中,工期是合同的重要内容之一,因为涉及工程款支付,因此对总承包单位具有强约束力,这样总承包单位就要合理安排设计工作,并保证图纸的进度,施工图设计过程中也可以边审核边对通过审核的部分施工,不用完成所有设计后才开始,当现场有反馈修改时,设计人员也能及时解决,有利于缩短工期,加快工程建设的进度。

设计牵头的施工管理使设计单位和施工单位紧密结合在一起,由具备专业设计知识的人员来管理现场,能很好地解决图纸设计与现场施工脱节的问题,能减少因施工错误引起的返工率和不熟悉图纸引起的质量问题,充分发掘了设计和施工的协作潜力,优化资源配置,这样能更有效地提高工程的质量水平。

## 6.4 施工阶段管控要点与分析

在项目管理中，成本控制属于重中之重，但是对于施工现场管理，进度控制和质量控制则是保证项目按质按量完成的重要手段。

### 6.4.1 进度管控

（1）项目施工进度管理应按照项目施工的技术规律和合理的施工顺序，保证各工序在时间上和空间上顺利衔接。

对于不同的工程项目，其施工技术规律和施工顺序不同。即使是同一类工程项目，其施工顺序也难以做到完全相同。因此，必须根据工程特点，按照施工的技术规律和合理的组织关系，解决各工序在时间和空间上的先后顺序及搭接问题，以达到保证质量、安全施工、充分利用空间、争取时间、实现经济合理安排进度的目的。

（2）进度管理计划应包括下列内容。

对项目施工进度计划进行逐级分解，通过实现阶段性目标来保证最终工期目标的完成；在施工活动中，通常通过对最基础的分部（分项）工程的施工进度控制来保证完成各个单项（单位）工程或阶段工程进度控制目标，进而实现项目施工进度控制总体目标。因而，需要将总体进度计划进行一系列从总体到细部、从高层次到基础层次的层层分解，一直分解到在施工现场可以直接调度控制的分部（分项）工程或施工作业过程为止。

建立施工进度管理的组织机构，并明确职责，制订相应管理制度。施工进度管理的组织机构是实现进度计划的组织保证，它既是施工进度计划的实施组织，又是施工进度计划的控制组织。既要承担进度计划实施赋予的生产管理和施工任务，又要承担进度控制目标，对进度控制负责，因此需要严格落实有关管理制度和职责。

针对不同施工阶段的特点，制订进度管理的相应措施，包括施工组织措施技术措施和合同措施等。

建立施工进度动态管理机制，及时纠正施工过程中的进度偏差，并制订特殊情况下的赶工措施。面对不断变化的客观条件，施工进度往往会产生偏差。当发生实际进度比计划进度超前或落后时，控制系统就要做出应有的反应，分析偏差产生的原因，采取相应的措施，调整原来的计划，使施工活动在新的起点上按调整后的计划继续运行，如此循环往复，直至实现预期目标。

### 6.4.2 质量管控

（1）应按照项目具体要求确定质量目标，并进行目标分解，质量指标应具有可测量性。应制订具体的项目质量目标，质量目标应不低于工程合同明示的要求。质量目标应尽可能地量化，并层层分解到最基层，建立阶段性目标。

（2）建立项目质量管理的组织机构，并明确质量管理组织机构中各重要岗位的职责，与质量有关的各岗位人员应具备与职责要求相匹配的知识、能力和经验。

（3）对于符合项目特点的技术保障和资源保障措施，应通过可靠的预防控制措施来保证质量目标的实现；应采取各种有效措施确保项目质量目标的实现。这些措施包含但不局限于原材料、构配件、机具的要求和检验，主要的施工工艺、主要的质量标准和检验方法，夏季、冬季和雨期施工的技术措施，关键过程、特殊过程、重点工序的质量保证措施，成品、半成品的保护措施，工作场所、环境以及劳动力和资金保障措施等。

（4）建立质量过程检查制度，并对质量事故的处理做出相应规定；按质量管理八项原则中的过程、方法、要求，将各项活动和相应资源作为过程进行管理，建立质量过程检查、验收以及质量责任制等相关制度，对质量检查和验收标准做出规定，采取有效的纠正和预防措施，保障各工序和过程的质量。

# 第7章 商务合约管理

## 7.1 设计牵头的工程总承包的优势

目前工程总承包通常采用两种形式，第一种是设计与施工由同一家单位完成，第二种是由施工和设计两家单位组成联合体，共同承接项目。以联合体形式承接的项目，又可分为施工牵头和设计牵头两种。采用设计牵头的EPC工程总承包模式有以下优势。

以设计为导向：可控制经济性，做设计方案经济性对比分析，优化施工工序，优化检验检测方案。

控制设计细节：设计自查和内部督查，优化细节构造，减少设计浪费，降低施工成本，节约工期。

引导施工计划：以设计出图计划为基础、以报建计划为节点，设计与施工深度交叉融合。

## 7.2 广西国际壮医医院工程总承包模式

### 7.2.1 采用设计牵头的EPC工程总承包模式

广西国际壮医医院项目为大型医疗类公建项目，由华蓝设计（集团）有限公司作为设计牵头方，采用设计、采购、施工、试运营全过程总承包管理模式实施。

目前，广西国际壮医医院已进入开业运营阶段，华蓝集团广大职工没有辜负业主的重托，用实际行动和不懈努力证明"绘华夏蓝图、筑百年基业"的企业理念，向业主交出了一份满意的答卷。

### 7.2.2 总承包商组成

本项目是由华蓝设计（集团）有限公司（以下简称"华蓝设计"）和中国建筑第八工程局有限公司（以下简称"中建八局"）组成联合体联合承包，其中前者为联合体牵头方，后者为联合体成员。华蓝设计作为广西壮族自治区内综合实力最强的设计公司，又是广西壮族自治区内尝试EPC工程总承包模式的先行者，有着丰富的设计及工程总承包管理经验，而中建八局在全国建筑施工领域也名列前茅。设计和施工的强强联合，为这个项目最终获得成功奠定了重要基础。

### 7.2.3 合同的框架体系

本项目的建设单位为广西中医药大学，项目采用公开招标的方式，华蓝设计与中建八局组成联合体应标并中标。其中，华蓝设计负责项目勘察、设计及全过程项目管理，中建八局负责项目的施工总承包、工程设备及材料的采购等（图7.2-1）。

本工程采用EPC模式，责任主体落到总承包牵头方身上，设计单位和施工单位通过协议确保分工明确，而建设单位只需要加强与总承包方牵头方的沟通和协调，大大减少了管理的工作量。同时，工程中各种专业的设计管理、进度管理、投资控制、质量、安全管理以及全过程协调均由总承包方负责，极大地增强了设计与施工的配合。

合同的结构如图7.2-1所示。

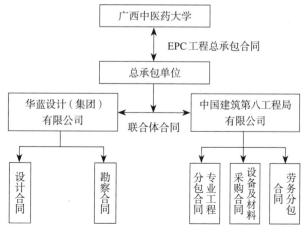

**图7.2-1　广西国际壮医医院一期合同结构图**

## 7.3 总承包合同谈判阶段的管理

### 7.3.1 商务谈判策略

商务谈判既是一门科学，也是一门艺术，更是追求企业效益最大化的关键环节。商务谈判的操作方法因项目和谈判对象而异。结合本项目的特征及合同谈判实例，对商务谈判的策略总结如下。

**1. 商务谈判的准备**

项目在进行商务谈判之前，应根据项目的谈判对象和谈判目标，制订适合本项目的商务谈判策略。

作为联合体牵头方，华蓝设计在与建设单位正式谈判之前，提前组织本公司各专业部门负责人，对合同初稿及合同谈判中可能出现的争议点进行讨论，并商讨对策。在统一意见后，由合同管理员与施工方对接，并就争议问题与施工方达成一致。

鉴于本项目的重要性，华蓝设计与施工单位联合，派出了由项目总负责人、项目经理、设计负责人、双方合同管理员、项目分管领导等组成的商务谈判团队，以便全面应对谈判中可能出现的各种问题。

**2. 商务谈判策略和技巧**

1）坚持平等原则

相对于建设单位来说，承包方在合同谈判中处于劣势地位。承包方应依据有关法律法规，在合同谈判力求保证合同双方处于平等地位。

《中华人民共和国合同法》强调，合同双方当事人在法律地位上是平等的，承包方要有大度的气势和平等谈判的态势。例如，在合同谈判过程中，建设单位要求承包人对误期的违约赔偿为每日万分之四，却不同意发包人延期支付工程款的违约赔偿。经华蓝设计据理力争，本着平等的原则，最终赢得对方的理解，同意按银行贷款计算延期支付工程款的违约金。

2）求大同，存小异

在竞争激烈的建筑市场上，承包方要实现收益最大化，首先必须把好合同关，合同一旦签订，就已表明全面达成一致，即使亏损，也要百分之百地履行合同，这样才能树立起重合同、守信用的信誉。因此，在合同谈判中，要保证企业效益最大化和合同的全面执行，就要从大局出发，在保证大原则的情况下，适当放松小条款，以保证谈判顺利进行。比如本项目，在付款条件、合同内容基本谈妥的情况下，华蓝设计主动对承包人的职责方面做了部分让步，使得建设单位对华蓝设计的认可度提升，从而达到"求大同、存小异"的结果。

3）突出并合理利用自身优势

在对对方立场、观点有初步的认知后，再将自己在此次谈判事项中所占有的优、劣势及对方的优、劣势进行严密周详的列举，尤其不管大小新旧，要将己方优势全盘列出，以作为谈判人员的谈判筹码。当然，也要注意己方劣势，以免仓促应战，被对方攻得体无完肤。

在了解双方优劣势的同时，也要善于利用自身优势去抓住对方的劣势。比如，本项目建设单位为医疗机构，相关领导对建筑行业基本属于外行，华蓝设计在合同谈判时，涉及当地建筑行情、市场惯例的，都耐心向对方解释，据理力争，最终以华蓝设计的专业优势取得对方的信任。

### 7.3.2　合同谈判应注意的问题

在谈判进入实质性阶段时，谈判人员要根据谈判的进程和发展状况全面、灵活地运用各种策略，使谈判在轻松、和谐、友好的氛围中进行，同时要注意一些细节问题，方能使合同谈判顺利完成。

**1. 多听**

一个优秀谈判者的工作首先应认真倾听并理解对方的话语，一个好的倾听者不仅会让对方感到自己受到重视，还能让自己在理解对方观点的同时找到寻求双赢的解决办法。因此，在对方陈述观点的时候，不要试图打断，听得越多，学得就越多；思考得越多，解决的办法也就越多。

**2. 控制情绪**

在谈判中，要尽量表明尊重的态度与合作的精神，提问与回答都要以友好的方式进行。尊重对方还表现在要慎重地看待对方的错误，在任何时候、任何情形下，失态的吼叫都是不理智的，因为那不是在谈判，而是对抗。即使通过这种方式出现的胜者，也同样是失败的，因为他永远失去了再次与对方合作的机会。

### 3. 寻求双赢

谈判的目的并不是让一方获得最大的利益，而让另一方感到沮丧、一无所得。一次成功的谈判一定会让双方都感到自己是赢家。只有谈判双方都能从谈判中有所得，他们才会接受谈判结果，才会让未来的交易一直延续成为可能。采取什么样的谈判手段、谈判方法和谈判原则来达成对谈判各方都有利的谈判结局，这是商务谈判的实质追求。因此，面对谈判双方的利益冲突时，谈判者应重视并设法找出双方实质利益之所在，在此基础上，应用一些双方都认可的方法来寻求最大利益的实现。

### 7.3.3 商务谈判成果

本项目经过多轮商务谈判，最终就工程总承包合同达成一致，双方利益共存、风险共担，从承包人角度也基本达到了预期效果。主要成果汇总如下。

（1）鉴于本项目已派施工项目经理及总承包方项目执行经理常驻现场，经与建设单位协商，取消对于项目总负责人每月到现场天数不少于20d的约定。

（2）履约担保由保证金形式改为履约保函的形式。

（3）招标文件中约定月度付款比例为80%，华蓝设计建议提高到85%，最终建设单位不予采纳，按原招标文件80%执行。

（4）因承包人原因使项目进度主要控制节点延误及竣工日期延误，每延误1日的误期违约金额为合同协议书的合同价格的0.04%，累计最高违约金额为合同协议书的合同价格的4%。

（5）发包人逾期支付进度款的违约金计算方式如下：应从发包人收到付款申请报告后的第26个工作日开始，以中国人民银行颁布的同期同类贷款利率向承包人支付延期付款的利息，作为延期付款的违约金额。

（6）属于依法二次招标范围的项目，二次招标所确定的承包人须向总承包方缴纳不超过2%的总承包服务费。具体比例在二次招标时由总承包方和发包人在二次招标文件中确定。

（7）主要材料设备品牌的选用，由原来的3个品牌，增加到5个或5个以上。

## 7.4 广西国际壮医医院总承包合同概述

### 7.4.1 合同文件组成

本项目合同文件由以下内容组成：

（1）合同协议书；

（2）合同补充协议书；

（3）合同专用条款；

（4）中标通知书；

（5）招标投标文件及其附件；

（6）合同通用条款；

（7）合同附件；

（8）标准、规范及有关技术文件；

（9）设计文件、资料和图纸；

（10）双方约定构成合同组成部分的其他文件。

除了上述文件，双方在履行合同过程中形成的双方授权代表签署的会议纪要、备忘录、补充文件、变更和洽商等书面形式的文件也是本合同的组成部分。

### 7.4.2 合同内容

本项目合同内容及范围包括以下内容：建设红线范围内的勘察、设计，设计阶段包括方案设计、初步设计、施工图设计，设计必须经过招标人同意，施工图审图完成后承包人编制工程预算并由招标人和财政厅评审中心审定；设计内容包括基坑支护、地基处理、建筑、结构、装修、人防、消防、给水排水（含热水供应）、电气（含机电照明、高低压）、电梯、强弱电、监控系统、手术室、ICU、空调系统、智能系统、总平（含道路、综合管网）、绿化、二次装修、净化系统、直饮水系统、呼叫系统、中心供氧、中心吸氧、制氧、二次加压、污水处理、物流系统等。采购（设计范围内所涉及的设备材料但不含医疗设备、家具）、施工（设计范围内所涉及的工程内容）直至竣工验收合格及整体移交，工程保修期内的缺陷修复，以及保修工程的总承包和场地平整。

### 7.4.3 合同形式

本项目采用固定总价合同形式。固定总价合同是EPC总承包项目最常用的合同模式,其优点是便于从设计开始控制投资,使合同总造价控制在建设单位预设的投资估算范围内。

## 7.5 分包商及分包合同的管理

本项目的总承包方为由华蓝设计和中建八局组成的联合体。从工程总承包方角度来说,华蓝设计为项目总承包方兼设计方,中建八局为施工分包方,与华蓝设计签订联合体协议(施工分包合同)。

### 7.5.1 分包商

(1)联合体牵头方华蓝设计是中国工程设计企业60强、中国十大民营工程企业设计,建筑工程设计为主营业务,因此本项目的设计任务由华蓝设计承担,勘察设计及基坑支护设计则由华蓝设计分包给广西华蓝岩土工程有限公司,该公司隶属于华蓝集团股份公司旗下工程总承包板块。

(2)联合体成员中建八局是世界500强企业,是隶属于中国建筑股份有限公司的国有大型建筑施工骨干企业,工业与民用建筑、安装、装饰等工程施工是其主营业务之一。本项目的施工由其总体负责,部分专项施工、设备安装、劳务、材料与设备采购等由中国建筑第八工程局有限公司进行分包。

### 7.5.2 分包合同管理要点

本项目为联合体模式承接的EPC总承包项目,华蓝设计作为联合体牵头方,分包合同主要是指华蓝设计与联合体成员兼施工方中建八局的施工分包合同。施工分包合同的管理要点,主要从以下几个方面把控。

**1. 合同履约监控**

华蓝设计在项目的角色,既是承包方,又是总承包管理方,因此一方面要保证总承包合同顺利履行,又要对施工分包单位做好履约监控,保证项目的设计、施工均在可控范围内。

**2. 工程款项拨付**

本项目工程款由承包人联合体双方共同向建设单位申请，建设单位审核通过后，将工程款支付至总承包方（华蓝设计）账户，总承包方经审核计算，扣除总承包管理费后，将施工进度款支付给施工分包方（中建八局）。工程款项依合同条款按时、足额拨付是分包合同甲方的主要义务。总承包方在收到建设单位拨付的进度款后，应及时向施工方支付，以保证项目的顺利进行，同时避免因工程款延迟支付而引起的违约责任。

**3. 合同工期管理**

按合同日期提供相应产品为各方的主要义务。设计合同的供图日期，设备、材料合同的交货时间，以及施工合同竣工日期，为各方所承诺的、具有法律意义的产品交付时间。当项目依靠合同实施时，进度管理即为合同工期管理，因进度管理的意义就是确保按合同时间要求交付相应产品。密切跟踪、监督勘探、设计及施工进度，对交付时间做出准确预测，对交付时间可能延误及其相应后果向各方提出预警，敦促各方及时采取纠正措施，就成为合同工期管理的重要内容。

**4. 合同变更控制**

因合同变更涉及很多方面，所以一切合同变更都应经过与主合同同样的程序审定、批准后方可执行。对此，项目管理机构将予以监督。而在合同变更正式评审前，项目管理部应就变更事宜与合同双方进行充分沟通，同时向建设单位提出专业性的看法和意见，或提出专业性的评估。

另外，作为EPC总承包项目，总承包管理方应尽量控制合同变更的数量，争取将设计变更控制在设计阶段内。

**5. 合同争议解决**

无论何种解决方式、何种解决结果，都不应影响工程建设的正常进行。对合同争议，项目管理机构应积极协调各方立场、缩小各方分歧，在不损害对方合法利益的前提下，使业主获得合理的利益。

对于在施工分包合同履行过程中发生的争议，总承包管理方应先与施工方进行协商调解，如涉及建设单位，也应由总承包方作为联合体牵头方代表联合体向建设单位提出协调申请，并共同进行争议谈判。

**6. 违约索赔处理**

在施工分包合同中的违约索赔，除了按甲、乙双方意愿约定外，还应充分考虑总承包合同中的违约条款。总承包管理方作为设计单位，应注意适当将涉及工期、质量等施工方面的违约风险向施工分包方转移。

## 7.6 履约担保

### 7.6.1 履约担保形式

本工程采取履约保函的形式作为担保。履约担保是应承包单位要求，银行金融机构向建设单位做出一种履约保证承诺，它保证合同义务的正常履行，保证合同目标的物品质量完好，能解决发包方、承包方双方互不信任的问题，担保银行凭借其自身良好的信誉介入交易充当担保人，为当事人担保，促进交易的顺利进行。

同时，采用履约保函形式而非保证金形式，对于承包方来说，也可以减轻资金压力，从而可以更加有力保障项目施工过程中的资金投入。

### 7.6.2 联合体承包模式下履约保函的开具

根据合同约定，本工程履约保证金为合同价的5%；在合同签订后，承包人在15个工作日内向发包人提交履约保函，履约保函的有效期必须涵盖工程竣工验收合格且完成验收整改后、承包人向发包人移交竣工资料手续的时间段。

合同约定，履约保证金由联合体任一方提交，鉴于项目施工费用远远高于设计勘察费用，经联合体双方友好协商，本工程履约保函由中建八局出具，华蓝设计向中建八局承诺，在合同履约过程中因华蓝设计原因造成的违约责任由华蓝设计自行承担。

## 7.7 工程保险

### 7.7.1 总承包方保险管理的注意事项

本项目总承包方为联合体，保险范围及时限贯穿勘察、设计、施工的全过程。该类项目在投保时应重点注意以下几点：

（1）按适用法律和专用条款约定的投保类别，由承包人投保的保险种类，其投保费用包含在合同价格中。由承包人投保的保险种类、保险范围、投保金额、保险期限和持续有效的时间等在专用条款中约定。

（2）保险单对联合被保险人提供保险时，保险赔偿对每个联合被保险人分别适用。承包人应代表自己的被保险人，保证其被保险人遵守保险单约定的条件及其赔偿金额。

（3）承包人应在投保项目及其投保期限内，向发包人提供保险单副本、保费支付单据复印件和保险单生效的证明。

（4）对于建筑工程一切险、安装工程一切险和第三者责任险，无论应投保方是任何一方，其在投保时均应将合同的另一方、合同项下分包商、供货商、服务商同时列为保险合同项下的被保险人。具体的应投保方在专用条款中约定。

（5）由承包人负责采购运输的设备、材料、部件的运输险，由承包人投保。此项保险费用已包含在合同价格中，专用条款中另有约定时除外。

（6）为保证联合体双方的利益，建议联合体双方均应购买意外伤害险及第三者责任险，保险费用各自承担。

（7）保险事项的意外事件发生时，联合体各方均有责任努力采取必要措施防止损失、损害的扩大。

### 7.7.2　保险索赔

工程一旦出险，被保人或投保人必须立即通知保险公司，同时尽量进行现场保护以及留下影像记录，陪同勘损人员勘察现场，配合调查，并在理赔时提供事故报告、保险单、损失清单等资料。

项目合约管理部门应对保险单、损失清单、索赔程序等编写应急预案，并在项目开展前对项目管理人员进行技术交底及职责分工。

## 7.8　工程变更

EPC工程总承包管理模式以总价合同为主，且承包范围已包括设计在内。故在项目运行过程中，应从设计开始把控，尽量减少工程变更。

### 7.8.1 本项目EPC总承包合同约定的变更范围

**1. 设计变更范围**

（1）对生产工艺流程的调整，但未扩大或缩小初步设计批准的生产路线和规模，以及未扩大或缩小合同约定的生产路线和规模；

（2）对平面布置、竖向布置、局部使用功能的调整，但未扩大初步设计批准的建筑规模，未改变初步设计批准的使用功能，或未扩大合同约定的建筑规模，未改变合同约定的使用功能；

（3）对配套工程系统的工艺调整、使用功能调整；

（4）对区域内基准控制点、基准标高和基准线的调整；

（5）对设备、材料、部件的性能、规格和数量的调整；

（6）因执行基准日期之后新颁布的法律、标准、规范引起的变更；

（7）其他超出合同约定的设计事项；

（8）上述变更所需的附加工作。

**2. 采购变更范围**

（1）承包人已按发包人批准的名单与相关供货商签订采购合同，或已开始加工制造、供货、运输等，发包人通知承包人选择该名单中的另一家供货商；

（2）因执行基准日期之后新颁布的法律、标准、规范引起的变更；

（3）发包人要求改变检查、检验、检测、试验的地点和增加的附加试验；

（4）发包人要求增减合同中约定的备品备件、专用工具、竣工后试验物资的采购数量；

（5）上述变更所需的附加工作。

**3. 施工变更范围**

（1）根据设计变更，造成施工方法改变、设备、材料、部件、人工和工程量的增减；

（2）发包人要求增加的附加试验、改变试验地点；

（3）合同约定之外新增加的施工障碍处理；

（4）发包人对竣工试验经验收或视为验收合格的项目，通知重新进行竣工试验；

（5）因执行基准日期之后新颁布的法律、标准、规范引起的变更；

（6）现场其他签证；

（7）上述变更所需的附加工作。

**4. 其他变更范围**

双方根据本工程特点商定的其他变更范围，包括不可预见及建设单位的其他要求。

**5. 变更后的负责主体**

根据建设单位需要变更或不可抗拒因素变更建设内容，由建设单位负责。由于设计、施工失误原因引起的变更，由总承包方负责。

### 7.8.2 索赔事项的组织

索赔工作由总承包牵头方（华蓝设计）负责组织，由总承包方项目负责人、合同管理部门负责人根据法律法规及合同约定制订相应的变更、索赔制度，并组织设计管理工程师、施工管理工程师、造价管理工程师、项目秘书等人组成变更索赔小组，定期召开索赔工作会议，并形成会议纪要。

发生索赔事件时应收集保护相关证据，索赔资料包括但不限于以下几点：

（1）各种合同文件；

（2）工程各种往来函件、通知、答复等；

（3）各种会谈纪要；

（4）经过发包人或者工程师批准的承包人的施工进度计划、施工方案、施工组织设计和现场实施情况记录；

（5）气象报告和资料，如有关温度、风力、雨雪的资料；

（6）工程有关照片和录像等；

（7）施工日记、备忘录等；

（8）发包人或者工程师签认的签证；

（9）发包人或者工程师发布的各种书面指令和确认书，以及承包人的要求、请求、通知书等；

（10）工程中的各种检查验收报告和各种技术鉴定报告；

（11）工地的交接记录（应注明交接日期，场地平整情况，水、电、路情况等），图纸和各种资料交接记录；

（12）建筑材料和设备的采购、订货、运输、进场，使用方面的记录、凭证和报表等；

（13）市场行情资料，包括市场价格、官方的物价指数、工资指数、中央银行的外汇比率等公布材料；

（14）投标前发包人提供的参考资料和现场资料；

（15）工程结算资料、财务报告、财务凭证等；

（16）国家法律、法令、政策文件。

### 7.8.3 索赔应注意的事项

**1. 索赔的时效**

索赔事件发生后，总承包单位必须在合同约定的时间内向建设单位提出索赔。

**2. 索赔的依据**

对于索赔事件，应注意保留证据，依据建设单位或监理单位书面文件进行索赔，口头形式指令不具备索赔条件。

## 7.9 工程款的支付

### 7.9.1 工程款支付方式

按合同约定，建设单位将合同设计及施工款项支付至联合体牵头方（华蓝设计）指定账户，然后由牵头方依据与施工方（中建八局）签订的联合体协议书，将相应工程款支付至施工方指定账户。

该模式下业主对于工程款的支付审批义务相对较轻，业主仅需要与联合体牵头方对接有关付款审批程序，款项支付至联合体牵头方即视为对联合体的付款义务完成，避免了建设单位卷入联合体内部款项争议的风险，同时能充分发挥联合体牵头方的EPC管理作用，更好地对施工方进行全方位管控。

### 7.9.2 工程款支付流程

（1）施工总承包单位将每月进度款申请书提交至总承包方造价管理工程师进

行审核。

（2）造价管理工程师根据进度款审核结果及合同约定的进度款申请方式，及时向监理单位及建设单位提交勘察设计费或工程款的支付申请。

（3）收到建设单位工程款后，合约工程师根据合同约定或联合体双方协商本次款项的具体支付数额、在金惠系统（公司网上管理系统）发起支付申请，由公司各主管领导批准后提交财务部，财务部收到指令后进行工程款支付。

（4）工程款到账、支出时，均做好工程款台账登记。

## 7.10　本项目合同管理的难点

### 7.10.1　合同承包范围及设计标准的确定

本项目为可行性研究报告批复后招标的总承包项目，合同范围确定的主要依据是招标文件所描述的规模及范围，而招标文件所描述的规模及范围，主要是招标代理单位根据可研报告来进行的归纳总结。因此，对于一个规模达到187 575m² 的综合性医院，发包人、承包人都准确地理解项目的规模和标准并对其进行管理是本项目合同管理的难点。

### 7.10.2　合同价格的确定

本项目的总承包合同采用固定总价的计价方式，但是实际上协议书上的签约合同价（即中标价格）只是暂定的合同总价，实际的合同总价需根据备案的施工图由承包人编制施工图预算后报财政评审中心评审后确定。由于财政评审预算的不确定性，本项目采用后审施工图预算作为合同价格的方式，对于承包人来说投资风险很大，对承包人材料设备的采购和合同价格的管理都是难点。

## 7.11　合约管理风险及防范

### 7.11.1　EPC合约风险种类

**1. 合同条款及履行中的风险**

（1）建设单位利用招标文件、答疑文件、起草合同等有利条件，将自身责任、义务条款淡化,加重承包方责任和义务。

(2)合同条文不完善和不严谨所引起的理解失误,合同存在着单方面的约束性,责、权、利不平衡。

(3)建设单位违约带来的风险(含建设单位逾期支付工程款)。

(4)履约过程中的变更、签证风险。

(5)国家政策的变化引起的政策风险。

(6)合同纠纷,如建设单位履约能力不足、建设单位反索赔等。

**2. 投资风险**

(1)建设单位压减投资,导致投资估算偏低,项目实施出现超投资现象。

(2)建设单位随意变更设计,影响项目投资。

(3)项目管理人员缺乏管理经验,施工人员技能不足,导致质量不合格而引起返工产生费用。

(4)编制的施工图预算或工程量清单缺项漏项。

(5)建筑市场材料价格波动。

(6)遇到难以预见的地质自然灾害、不可预知的地下溶洞、采空区或障碍物、有毒气体等重大地质变化,因施工组织、措施不当等造成损失及产生处置费用。

**3. 工期风险**

(1)建设单位压缩工期,导致工期设定不合理。

(2)建设单位使用要求改变或设计方设计不当而进行设计变更。

(3)建设单位提供的场地条件不及时或不能正常满足工程需要,导致工期滞后。

(4)建设单位提供设计基础资料不准确或随意变更设计,影响设计施工进度。

(5)建设单位未按合同及时支付工程进度款,影响施工进度。

(6)设计方图纸供应不及时、不配套或出现差错。

(7)计划不周,导致停工待料,与相关作业脱节,工程无法正常进行。

(8)外界配合条件有问题,如交通运输受阻,水、电供应条件不具备等。

(9)社会干扰,如外单位临时工程施工干扰,市民闹事,节假日交通管制,市容整顿的限制等。

**4. 质量风险**

(1)项目管理人员缺乏足够的质量意识,施工人员技能不足、责任心不强,造成质量问题。

（2）施工不规范导致施工质量达不到验收合格标准。

（3）聘请未经培训无证上岗的施工作业人员。

（4）选用的建筑材料不能满足设计和有关规范规定的质量要求；材料采购过程中存在假冒、伪劣产品，致使材料规格、品种、性能指标不合格；材料进场验收、试验工作存在管理漏洞或失误，导致工程中使用了不合格品。

（5）选用的施工机具、设备的性能不能满足相关工艺的质量要求。

（6）施工方法与技术不当，对于建筑工程的关键点、难点和有特殊质量要求的部位，以及在特殊施工条件、环境下，采用的施工方法不合理，或创新性施工方法技术方案不完善。

（7）施工过程中施工场地存在地下水、气候条件恶劣、腐蚀性介质侵蚀等，对建筑工程施工质量产生影响。

**5. 安全风险**

1）人的原因

①操作人员、管理人员和其他现场人员对安全不重视，态度不正确，技能或知识不足，健康或生理状态不佳等，进行违章指挥、违章作业、违反劳动纪律。

②施工作业人员操作不当，或防护措施不到位，引发物体打击、施工坍塌、高空坠落、机械伤害、触电伤害和火灾等安全事故。

2）物的原因

①防护用品缺乏或有缺陷，存在危险物和有害物质。

②施工机械设备和装置结构不良，年久失修，零部件过度磨损或带"病"作业，加重了设备的老化程度，或导致安全防护装置失灵。

3）环境原因

①恶劣气候条件。

②通风不良，噪声过大，物料储放不当，导致工人在操作时思想不集中，造成分心、紧张、烦躁、反应力差等。

4）管理原因

①管理不到位，技术指导有缺陷。

②劳动组织不合理。

### 7.11.2 合约风险防范措施

**1. 加强前期管控，做好事前控制**

（1）审查施工合作方的基本情况，了解对方是否具备法人或代理人资格，有没有签订合同的权利，有无相应的从业资格等。

（2）调查合作方的商业信誉和履约能力。尽可能对合作方进行实地考察，或者委托专业调查机构对其资信情况进行调查。

（3）投标前对招标文件进行评审。由生产经营部组织工程管理院对招标文件进行评审，重点审查项目实施过程中投资、进度、质量、安全方面的风险，招标文件合同条款中是否存在合同风险。

（4）前期工作交底。由生产经营部会同工程管理院项目管理部、项目执行经理、项目经理进行前期工作交底，交底内容包括但不限于项目前期基本情况介绍、项目风险警告。

**2. 加强合同管控**

1）增强法律观念，注重风险控制

应树立正确的风险防范意识，建立完善的合同管理部门和管理机制，公司各个部门共同参与，齐心协力做好合同管理的把关工作，提高公司的风险防范能力，切实保证公司的合法权益。

2）在合同谈判和签订过程中做好风险防范措施

合同评审小组对工程类项目合同进行合同评审，研究和重点审查建设单位的审批手续是否完备健全、合同双方责任和权益是否失衡、是否有针对潜在风险的防范措施，重点评审合同价款、质量、工期、付款方式、违约责任、损失赔偿等主要条款，减少引发风险的漏洞，将风险系数降到最低。在项目施工过程中，不可避免存在雨季、台风天气等不可抗力因素影响工程进度，在联合体协议内，应明确双方责任，在遇到以上问题后及时组织会议协调，制订切实可行的赶工方案，追回损失工期。

3）加强合同履行管理

①项目秘书应妥善保存项目往来文件以及导致工期延误、费用增加的证明材料等，实施阶段保存书面证据。

②合同管理员对项目组成员进行合同交底，规避合同风险及违约情况的发生。

③合同管理员定期对合同的履约情况进行统计并进行分析，管理和监督工程建设过程中所发生的合同变更工作。

④分包商违约或履约能力不足，及时采取措施进行纠正。

⑤发生违约纠纷后，应及时采用协商、仲裁或诉讼等方式，维护公司的合法权益。

**3. 加强设计管控**

设计管控主要从设计的经济性及设计质量进行检查和控制。

1）对项目的设计经济性进行管理

根据已批复的方案设计及投资估算来控制初步设计，根据已批复的初步设计及投资概算来控制施工图设计，或将工程设计投资控制总额按单项工程、单位工程、分项分部工程或按专业进行细分，在确保达到使用功能的前提下，按照分配的投资（造价）限额来协调设计方进行设计，以保证建设项目总投资控制在限额之内。

2）对项目的设计质量进行控制

组建完善的设计团队，把好出图质量关。施工图出图后，在掌握建设单位要求的基础上，详细阅读、分析图纸，以便发现并提出问题，对重要的细节问题和关键问题，必要时由设计管理人员组织专家论证，进行内部评审。

**4. 加强工程造价管控**

投资管理人员对项目设计阶段、施工阶段、竣工验收阶段进行工程造价控制。

（1）审核投资估算、初设概算和施工图预算，重点复核方案估算、初设概算和施工图预算是否符合投资控制目标的要求，包括规模是否正确、各指标取值是否合理、有无漏项、第二部分费用计取是否正确等。

（2）在施工阶段对设计变更的费用、施工难度、对进度（工期）的影响、对质量的影响进行详细评估，及时做好索赔工作。

（3）在竣工验收阶段审核竣工结算资料的完整性和准确性，加快竣工结算进度。

**5. 加强施工现场管控**

施工现场管控主要从安全、质量、进度三大方面进行控制。做好日常检查，加强实施过程的管控，定期进行项目巡检，做好合同风险的事中控制。

**6. 积极配合**

积极组织完成合同变更索赔工作，做好合同风险的事后控制，把好合同管理的最后一关。

# 第8章 项目投资管理

本项目为可研后招标的EPC项目，项目的投资管理覆盖了投标的方案估算阶段、中标后的初步设计阶段、施工图设计阶段、完成设计后的施工实施阶段及完工后的结算阶段。本项目由于体量大，系统多而复杂，所以投资管控的难度很大。

## 8.1 总承包模式下的投资管理

EPC模式的投资管理与传统的施工总承包投资管理不同，两种模式在发包阶段所具备的基础条件就有很大的差别，比如本项目是在可行性研究报告批复后方案设计完成前进行发包的EPC项目，在投标报价的时候只有粗略的方案、招标文件及发包人要求可以参考，投标时需根据经验进行投资估算报价，在此情况下，EPC工程总承包单位将面临巨大的风险；传统的施工总承包招标阶段已经具备了详细的施工图，此时项目的平面布置、基础形式、主要材料设备均已经明确，并且会有工程量清单进行报价，最后根据综合单价按实际进行结算，投标单位的风险相对较小。由于两种模式发包阶段不同，图纸表达的深度不一样，工程计价的深度及精确度就不一样，对投资控制的要求及方式也会不同。

## 8.2 投资管理内容

### 8.2.1 设计阶段投资管理的工作内容

（1）用中标的投资估算来指导和控制初步设计，编制初步设计概算编制任务书，指导编制初步设计概算；用初步设计概算来控制施工图设计，在施工图设计阶段还要指导编制施工图预算。

（2）推行标准设计、限额设计。

### 8.2.2 施工阶段工程投资管理的工作内容

（1）审核施工图预算，基本单价及其他有关文件。

（2）分析施工图预算与初步设计概算的偏差。

（3）严格控制设计变更，对设计变更进行分析评估，严格审核及控制现场签证。

（4）审核施工单位编制的施工组织设计。

### 8.2.3 竣工验收阶段工程投资管理的工作内容

（1）及时配合完成竣工验收。

（2）及时组织竣工结算，协助建设单位完成审计工作。

（3）认真做好项目回访与保修工作，以使项目达到最佳的使用状况，发挥最大的经济效益。

## 8.3 本项目的投资管理要点

编制项目投资策划书，对投资管理进行整体规划。在项目管理的过程中，通过测量和计算已完成工作的预算成本、已完成的工作实际成本和已完成工作的规划成本，计算出有关计划实施的进度和成本偏差，从而达到判断项目成本费用的目的。

### 8.3.1 投资管理制度

（1）项目费用目标必须与详细的技术（质量）要求、进度要求、工作范围、工作量等落实到责任者。

（2）在费用分析中，必须分析进度、效率、质量状况，得出反映实际的信息。

（3）项目投资费用策划书作为项目投资成本控制的总计划，各阶段投资控制应严格按照项目投资策划书进行。

（4）以合同管理为手段，加强费用控制。

（5）一定要将有关工程质量、工期、费用结算办法等主要的合同条款进行重点交底，在实际履约中这些条款容易引起争议和反复。

（6）选择技术力量强、业绩好、信誉高的监理单位来进行监理。

（7）材料设备的采购供应，通过在合同中设置约束性条款，如材料设备的采购需经业主方认可质量和价格，要有合格证、质保书等要求，对承包商使用的材料设备的价格和质量进行约束。

（8）做好市场价格的管理工作，掌握价格的变动趋势，特别是大宗材料设备订货，应货比三家，在满足施工的前提下，把握好订货的时机。

（9）结算工程必须按设计图纸及合同规定全部完成，要有竣工验收单，如有甩项，应在验收单中注明，结算中予以扣除。应做好工程洽商签证及预算增减账的清理，重点做好材料价差及竣工调价的审定工作。

（10）工程造价组负责对项目投资成本费用进行测量和校对，项目投资管理负责人负责对项目投资成本费用进行审核，项目经理负责对项目投资成本费用进行审批。

（11）项目发生的所有成本费用由项目管理部的工程造价组负责测量和校对，经工程造价组校对后，由投资管理负责人审核，之后报项目监理审批。

### 8.3.2 设计阶段费用控制措施

在项目做出投资决策后，控制工程投资成本的关键就在于设计阶段。设计费虽然只在工程全部费用中占比不到3%，但它对工程造价的影响程度可达到75%以上。因此，设计费用对整个工程建设的效益是至关重要的。在满足项目使用功能的前提下，合理地优化设计，将使工程造价大幅降低。要在设计阶段控制好工程造价，应着重审查初步设计概算，看它是否在批准的投资估算内以及合同价以内，如发现超出估算，应找出原因，重新优化设计，调整概算，力争费用科学、经济、合理。

### 8.3.3 施工阶段费用控制措施

施工阶段是将项目"蓝图"变成工程项目实体、实现投资决策意图的阶段。

这个阶段是工程建设周期中工作量最大，投入的人力、物力和财力最多，工程管理难度最大的时期，也是费用管理难度最大和工作量最大的时期。在施工阶段，节约投资的空间不大，但浪费投资的可能性很大。因而要对工程造价管理给予足够的重视，从组织、经济、技术、合同等多方面采取措施，控制投资。施工阶段费用管理的主要工作做法如下。

**1. 施工投资分析**

1）编制施工预算策划书（即项目投资预算总控制计划）

在施工图设计及预算编制完成后，根据项目进度计划制订项目施工预算策划书，作为分项招标投标、采购的限额标准以及支付各阶段工程进度款的参考依据。

2）加强对施工方案的技术经济比较

施工方案是施工组织设计中的一项重要工作内容，合理的施工方案可以缩短工期，保证工程质量，提高经济效益，对施工方案从技术上和经济上进行对比评价，通过定性分析和定量分析，对质量、进度、投资三项技术经济指标比较，可以合理有效地利用人力、物力、财力资源取得较好的经济效益，把好施工管理关是做好项目投资管理的重要途径。

**2. 施工阶段投资管理措施**

1）加强设计变更审批制度

如需变更设计，要尽量提前，因为变更越早，损失越小。应同时进行工程量及造价增减分析，如果变更后工程造价突破总概算，必须经有关部门审查。要切实防止因变更设计而发生增加设计内容、提高设计标准、提高工程造价的情况。

2）工程现场签证手续严格把关

设立专门部门，利用专业人员对工程实行专业化管理，避免出现工程管理人员只管签证、不算经济账的现象，造成投资失控的严重后果。为了严肃变更签证手续，应采取项目经理、监理、施工经理联签的方式，保证变更、签证的真实性、合理性、经济性，避免弄虚作假现象及由此引出的纠纷。

**8.3.4 竣工结算阶段费用控制措施**

应根据工程进度总控制计划及实际工程进展情况，及时、准确、公平公正地组织工程竣工结算工作，通过细致的结算审核，保证成本策划指标的实现。

**1. 竣工结算**

编制竣工结算审核计划时，其内容包括结算审核程序、单项工程的结算资料提交时间、审核期限、审核报告完成时间、结算负责人等内容。

在各项工程竣工后，依据工程竣工图纸、设计变更洽商、有关索赔文件、工程合同条款，组织由造价工程师负责，各专业工程师参加的结算审核小组，增强对现场情况了解，及时准确、科学合理地进行结算审核工作，按分项编制竣工结算审核报告。结算审核报告完成后，报送使用人，根据需要就最终结算额达成协议。

**2. 配合审计工作**

积极配合审计人员的审计工作。

总包方对结算数据的准确性负责。

**3. 投资分析报告、资料归档工作**

在工程竣工后，编制本项目总体投资/费用分析报告，对项目的投资整体情况进行总结、分析。

# 第9章 进度管理

## 9.1 总进度计划编制

### 9.1.1 总进度计划编制原则

（1）确保合同工期原则：按总承包合同工期完成施工任务，这既是合同要求，也是实现企业经营目标的需要。在这一点上，建设单位（业主）与总承包单位双方的利益完全一致。控制就是将实际值与计划值进行比较，找出期间的偏差，然后进行反馈、调整。编制施工进度计划，就是确定一个控制工期的计划值，并制订出保证计划实现的有效措施，保证工程按合同工期完成。

（2）施工准备充分原则：工程项目施工准备是施工生产的重要组成部分，是对工程目标、资源供应和施工方案的选择，及其空间布置和时间排列等诸方面的统筹安排，是土建施工和设备安装得以顺利进行的根本保证。通过重视工程项目施工准备，根据工期编制进度计划加以优化，切实保证施工进度计划在工程中的实际指导应用。

### 9.1.2 影响总进度计划实现因素的控制

#### 1. 组织措施

项目的组织协调是实现进度控制的有力措施。应组织执行力度高的项目部，落实各管理岗位职责，组织施工单位人员对各工种、各作业面进行专人负责，使人力、机械设备、材料得到充分合理的使用，各部位的施工、各工序实现紧凑搭接。同时，项目计划体系应以施工总进度为宏观调控计划，施工总进度计划为总体实施计划，以月、周、日计划为具体执行计划，并由此衍生出技术保障计划、商务保障计划、物资供应计划、质量检验与控制计划、安全防护及后勤保障等一系列计划，使进度计划形成层次分明、深入全面、贯彻始终的特色。

**2. 管理措施**

在总承包中，应按照公正、科学、统一、控制、协调的原则，以实现工程目标为目的，对项目进行全方位管控，才能确保进度目标的顺利实现。

（1）项目部管理人员应认真学习项目部与业主签订的合同文本，全面理解和掌握合同文本规定的要求。在工程实施中，以合同文本为依据，自始至终贯彻执行到施工管理的全过程，确保工程优质、如期完成。

（2）总承包管理中坚持科学的原则，只有以严谨的态度，借助科学、先进的方法、手段来进行管理、协调，才能更好地体现总包管理的优势，更好地实现管理目标，体现出管理的质量和水平。

（3）设置各相应专业的总包管理部门及专业监督、协调管理工程师，采用严格有效的控制手段，对施工单位和专业分包施工过程进行监督控制，确保各区域的施工始终处于总包管理的控制下，从而确保各项管理目标的实现。

（4）实行项目领导和管理人员"5+2"的工作模式，及时协调、处理、解决施工过程中出现的质量、安全、技术问题，保证项目正常推进。

**3. 协调措施**

项目进度计划的实施，往往需要与业主等相关各方密切配合，共同为工程建设创造良好条件，才能使工程按计划有序进行。因此，能否妥善协调这些项目和各个要素之间的联系，是确保本医院项目施工顺利开展和工期目标实现的关键，也是树立良好企业形象的重要途径。在实施项目进度方案时，必须考虑并做好以下几方面的协调管理工作。

（1）与业主的配合协调。在项目建设过程中，总承包单位站在项目全局的高度，高效、积极地提供更高品质的服务，帮助业主落实施工进度计划中的具体要求，解决实际问题，这也是推进项目进度的先决条件。加强和业主的了解、沟通，积极征求业主对工程施工的意见，针对问题给予及时有效的处理和答复，不断优化工作；尊重业主发出的所有工程指令，在第一时间回复，在约定的时间内予以落实。对项目部工作列出详细的工作计划，对项目总进度计划进行梳理，整理出每个施工阶段的工作重点以及需解决的问题。这样才能让各参建方按统一的思路和进度计划去开展工作，对推进工程进度是比较有利的。

（2）与分包方的配合与协调。因为部分医疗洁净区域专业工程施工需要专业的分包单位进行具体施工工作，因此首先要编制包含所有分包单位施工任务，并经合理优化后形成工程施工总进度计划，以此作为基础，向业主、监理进行报备，再制订业主指定分包队伍的最迟进场时间，指定供货商的设备最迟供货时间表，从而便于和分包单位沟通各阶段的时间节点。在分包商进场之后，需要加大协调和沟通力度，优化和细化分包商的进度计划，纳入本医院项目的总承包管理范围，以确保进度目标的实现。

（3）与周围环境的配合协调。做好周边环境关系的协调工作，是确保工程顺利进行的基础。对施工总平面进行合理布置，按环保局要求增设环保和环境防护措施，避免对周边环境产生声、光、尘埃等污染，尽可能地保护周边单位及居民的合法利益。在项目体制方面，构建协调处理小组，设立专人解决纠纷和扰民问题，确保能够第一时间发现并用最快速度解决问题，防止出现人为因素干扰施工进度的情况。

### 9.1.3 工期目标及施工总进度计划

（1）工期目标：本工程计划于2016年2月28日开工（包含场平、勘察、设计工期），2018年10月8日完成竣工验收，交付业主使用。

（2）施工总进度计划详见图9.1-1。

### 9.1.4 施工工期的优化

#### 1. 关键线路优化

截至2016年5月下旬，由于受到雨季、扬尘污染治理的影响，场地平整工作已经滞后了2个月的工期，项目后续推进十分被动，因此总承包单位再次组织勘察、设计、施工单位进行沟通，从施工关键线路及施工工序着手进行调整，采取了如下措施：①调整场地平整标高，使场地平整与基坑支护能够同步进行施工，同时保证基坑开挖与场地平整交叉作业，最终在基坑支护施工阶段相比原工期提前半个月完成。②在基坑支护施工后半段（第四道腰梁及锚索施工阶段），基础已经具备工作面，将基础及地下室施工提前进行，以加快推进施工进展。③在

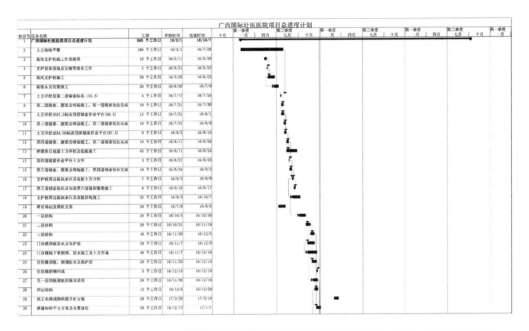

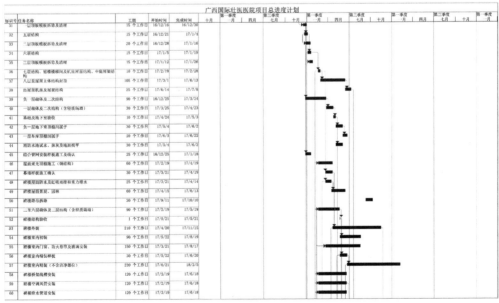

**图 9.1-1　施工总进度计划（一）**

# EPC工程总承包
—— 广西国际壮医医院工程管理实践

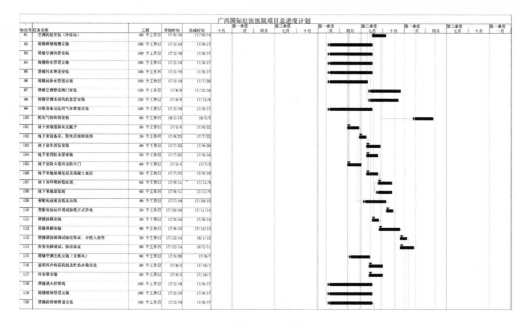

**图9.1-1 施工总进度计划（二）**

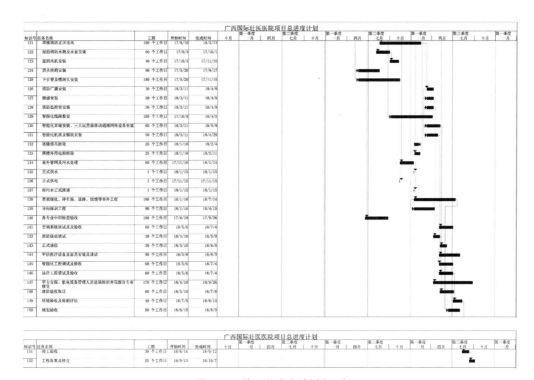

**图9.1-1　施工总进度计划（三）**

后续施工作业的前置工作方面，施工单位相应进行调整，提前安排各专业单位（装饰装修、外立面、门窗、机电安装队伍、洁净、屏蔽防护等专业队伍）进场；提前完成机电安装、装饰装修、外立面等各种样板确认；提前采购材料设备进场备存。④自基础及地下室施工阶段起，将原计划的流水施工调整为跳仓法施工，使施工作业面得以全线铺开。改变施工方式时，也加大了相应的人力物力投入，原计划流水施工对劳务工人需求量约为500人，为抢工期、确保按时完成建设任务，本项目高峰时期投入劳务人数约1000人，人、料、机与原来的施工组织相比均翻一番；同时采用群塔作业方式，约30 000m² 的施工面上，安装了7台塔式起重机配合大面积施工。

各阶段均根据实际施工需要进行调整，要求各专业、各分区、各部位制订详细的抢工措施并严格执行。截至2016年11月下旬，总体工期同比原进度节点计划提前了2个月。

**2. 设计优化**

在各个设计阶段中，与施工单位深度沟通，在常规的施工总承包模式下，设计和施工是分离的，双方难以及时协调，常产生设计和使用功能上的损失，设计和施工深度交叉，能够在保证工程质量的前提下，将设计方案更好地落地，最大幅度降低成本。同时，设计阶段在与施工单位进行沟通，主动引用新技术、新工艺，考虑到施工的操作性，最大限度地在施工前发现图纸存在问题，有利于保证工程质量，缩短建设周期。

### 3. 技术优化

作为BIM技术应用试点项目，本医院项目在制冷机房的设计、施工主动采用装配式技术，该技术是广西首个装配式机房（图9.1-2）。传统机电安装工程更多依靠在现场临时加工场中对管道等进行加工制作，这种施工方式不仅存在较大的安全隐患，还会对施工现场造成环境污染，耗费大量人力，效率低下。而装配式机房则实现了设计标准化、部件工厂化、施工装配化、施工一体化、建造过程信息化。在安全文明施工方面，装配过程全部采用螺栓栓接工艺，施工现场零焊接、零明火、零动电、无烟气污染、减少施工垃圾80%以上。通过BIM的管道碰撞及工序碰撞检查，共发现301处碰撞，管道加工后，在工厂预拼装完成，现场装配过程零返工、零整改，以机械化替代人工操作，极大地提高了生产效率和加工质量。常规模式下的制冷机房施工工期约2个月，广西国际壮医医院装配式制冷机房的施工工期为10天（图9.1-3）。

**图9.1-2 装配式机房BIM渲染图**

图9.1-3　制冷机房管道吊装

## 9.2 施工进度子计划

施工进度计划是直接组织施工作业的实操措施，施工的月度施工计划和周施工作业计划都属于施工进度计划。本医院项目施工进度计划结合了项目的特点，并以控制性施工进度计划所确定的里程碑事件的进度目标为依据进行编制（图9.2-1）。其主要作用如下：

（1）确定施工作业的具体安排；

（2）确定（或据此可计算）一个月度或周的人工需求（工种和相应的数量）；

（3）确定（或据此可计算）一个月度或周的施工机械的需求（机械名称和数量）；

（4）确定（或据此可计算）一个月度或周的建筑材料（包括成品、半成品和辅助材料等）的需求（建筑材料的名称和数量）；

（5）确定（或据此可计算）一个月度或周的资金的需求等。

一、劳动力、机械组织情况

| 工种 | 人数 | 施工部位 |
|---|---|---|
| 混凝土工 | 6 | 地坪回填 |
| 杂工 | 57 | 二次结构施工、总平面施工 |
| 钢筋工 | 6 | 二次结构施工收尾 |
| 木工 | 4 | 预留洞等施工 |
| 砌筑工 | 6 | 住院楼、附属楼砌体结构收尾 |
| 抹灰工 | 36 | 抹灰 |
| 精装修各工种 | 276 | 精装修施工 |
| 电焊工、电工、管道工 | 304 | 机电安装 |
| 塔式起重机、电梯司机 | 7 | 塔式起重机/施工电梯 |
| 塔式起重机指挥 | 5 | 塔式起重机指挥 |
| 其他 | 197 | 园林、石材、门窗幕墙等专业 |
| 总人数 | 904 | |
| 施工机械 | 数量 | |
| 塔式起重机 | 5 | |
| 施工电梯 | 5 | |

二、施工进度计划

下周施工工作计划表

| 序号 | 下周工作内容 | 开始时间 | 完成时间 | 工期(d) | 2017年10月24日～2017年10月30日 ||||||| |
|---|---|---|---|---|---|---|---|---|---|---|---|
| | | | | | 24 | 25 | 26 | 27 | 28 | 29 | 30 |
| 1 | 办公楼一至三层精装完成80%；制剂楼外墙涂料施工完成70% | 10月24日 | 10月30日 | 7 | | | | | | | |
| 2 | 门诊楼屋面廊架主龙骨焊接完成90%；屋面铺装完成90% | 10月24日 | 10月30日 | 7 | | | | | | | |
| 3 | 住院楼幕墙立柱及横框安装完成75% | 10月24日 | 10月30日 | 7 | | | | | | | |
| 4 | 中庭采光井外架拆除完成40% | 10月24日 | 10月30日 | 7 | | | | | | | |
| 5 | 地下室地坪浇筑完成20% | 10月24日 | 10月30日 | 7 | | | | | | | |
| 6 | 电气进度：主楼17～18层水平桥架安装完成、主楼电井桥架孔洞打凿第18层打凿完成、主楼14～17层支架接地圆钢安装100%、小楼应急照明及疏散指示安装40%，1～3层土建喷漆未完成、裙楼3层风机盘管接线100%、裙楼3层应急照明排查接线100%、裙楼5层强电井桥架100%、主楼12层风机盘管开槽配管完成、裙楼照明配电箱完成50% | 10月24日 | 10月30日 | 7 | | | | | | | |
| 7 | 空调水、给水排水进度：4层保温完成60%、15层管道安装完成80%，16层管道安装完成80%，主楼立管安装完成80%；主楼13层卫生间排水管安装完成55间；主楼15层卫生间排水管安装完成5间；主楼16层卫生间排水管安装完成25间；主楼7层卫生间排水管安装完成8间；裙楼4～5层东侧卫生间、诊室排水管完成10间；后勤楼1～3层西侧卫生间排水管封堵完成7间；裙楼4层PSP管安装完成100m；主楼14层PSP管安装完成100m | 10月24日 | 10月30日 | 7 | | | | | | | |
| 8 | 智能化进度：主楼6～12层开槽配管收尾完成，主楼1～5层开槽配管完成80%。11层配管放线完成，10层配管放线完成80%，后勤楼屋面配管放线，裙楼屋面配管放线完成。裙楼3～5层开槽，布管，回填完成总进度95%，裙楼1#~5#弱电竖井垂直桥架敷设完成总进度80%，后勤楼6层安装面板 | 10月24日 | 10月30日 | 7 | | | | | | | |

图9.2-1 施工进度子计划

## 9.3 施工进度管理

### 9.3.1 施工区域的划分

根据项目总平面图（图9.3-1）以及结构设计后浇带的设计，将门诊住院综合楼分为A、B两大区，每个大区安排一套施工班组，各大区又分为12个小区，各区域平行施工。

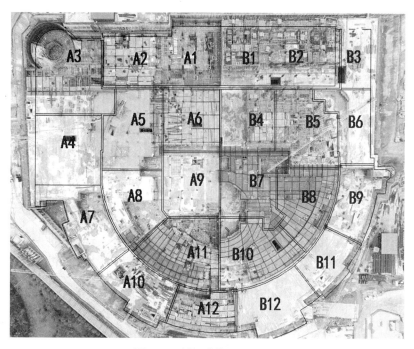

**图 9.3-1 划区域施工总平面图**

### 9.3.2 施工流程管理

随着工程管理体系的不断完善，施工必须进行规范管理，以便划分职责。在项目建设中，应以流程为主进行创新型组织的建立，遵循项目规模、施工的特点进行组织机构的合理建立，并对管理级别、管理职责进行合理划分，为监控施工流程、提高组织目标效率提供可靠的保障。

实施施工流程管理有以下目的：一是通过精细化管理提高项目受控程度；二是通过流程的优化提高工作效率；三是通过制度或规范使隐性知识显性化；四

是通过流程化管理提高资源合理配置程度；五是快速实现管理能力和经验复制，快速培养出具备全面技能的项目经理。在施工项目管理中，其正常运行都离不开一定程序及流程，由此可见，流程对施工项目管理来讲具有至关重要的作用。质量、工期、投资为建设项目管理的主要内容，其意义为项目在合理时间内以较低成本将质量良好的产品提供给客户。如不具备合理的工作流程管理能力，施工人员无法做好职责内的各项工作，将出现严重的责任推诿现象。

选用正确的工程流程管理理念与方式，可以最大限度地提升工程建设项目的质量，并能及时发现工程项目建设与管理中存在的问题。在完善与规范流程系统的同时，应重视质量管理，制订合理、科学的管理制度，做好各个阶段的质量管理工作，为实现工程建设社会效益与经济效益提供有利条件。

## 9.4 进度计划的调整与实施

### 9.4.1 总进度计划的调整

**1. 分析进度偏差的影响**

通过进度比较分析，在出现进度偏差时，应当分析该偏差对后续工作和总工期的影响。经过分析，进度控制人员可以确认应该调整产生进度偏差的工作，并调整偏差值的大小，以便确定应采取的调整措施，获得符合实际进度情况和计划目标的新进度计划。

**2. 进度计划的调整方法**

（1）改变某些工作之间的逻辑关系。若所检查的实际施工进度产生的偏差影响了总工期，在工作之间的逻辑关系允许改变的条件下，可以改变关键线路和超过计划工期的非关键线路上的有关工作的逻辑关系，达到缩短工期的目的。

（2）缩短某些工作的持续时间。这种方法不改变工作之间的逻辑关系，而是缩短某些工作的持续时间，能够使施工速度加快，保证项目实现计划工期。

（3）资源供应的调整。如果资源供应发生异常，应采用资源优化方法对计划进行调整，或采取应急措施，使其对工期影响最小。

（4）增减施工内容。增减施工内容应做到不打乱原计划的逻辑关系，只对局部逻辑关系进行调整。在增减施工内容后，应重新计算时间参数，分析对原网络计划的影响。当对工期有影响时，应采取调整措施，保证计划工期不变。

（5）增减工程量。工程量主要是改变施工方案、施工方法，从而使工程量增加或减少。

（6）起止时间的改变。起止时间的改变应在相应工作时差范围内进行。每次调整时，必须重新计算时间参数，观察该项调整对整个施工计划的影响。

### 9.4.2　进度计划的实施

（1）在项目的施工过程中，应以实际施工进度统计为依据，以预控进度计划为标准，进行比较、分析，确定进度偏差。以分项工程为单元，使形象进度和计划基准点相结合来确定进度偏差。总承包单位将确定了的项目工期网络计划下发至项目管理团队相关人员和施工分包单位，明确各项目干系人的责任；项目进度计划工程师和专业工程师收集、整理项目实际进度管理数据，并将结果直接反馈给项目经理；项目经理及控制部门需要组织项目部相关人员对项目计划进度和实际施工进度进行评估和比较，对项目进度保持动态监测，分析偏差产生的原因，定期召开进度管理例会评估项目进度状态，并采取相应的措施调整工程进度。在进度管理例会中，项目经理可以要求各分包单位负责人以及设备厂家代表阐述自己一周的工程总结和下周计划，同时将工程施工中出现的问题汇总并一一解决，形成文字资料下发给各分包单位负责人和厂家代表，督促参建单位按时完工。

（2）对于不同程度的进度偏差，应采取不同级别的应对措施。进度偏差小于1d时，由项目进度管理人员在施工现场通知分包单位负责人，并通过旁站监督等方式加快施工进度。进度偏差超过1周时，总包单位必须召集分包单位召开专题例会，讨论发生偏差的原因，并制订补救措施，以书面形式下发给分包单位。进度偏差超过1个月时，总包单位需要协同业主、监理、分包单位共同召开专题例会，结合具体的施工过程，分析可能的原因，在考虑相应的风险因素后，制订赶工计划，并以书面形式下发给分包单位，明确分包单位责任人，实行奖惩制度。必要的时候，总包单位还需要协同业主、监理对项目进度计划进行调整。

①规范层级控制和管理。项目工作结构分解是按照项目的层级形式展开的，每一层次都有相应的组织或部门，进度计划制订按照活动以及活动涉及的部门进行安排，因此进度控制也应该按照层级的形式进行控制。各层级要相互配合，及

时沟通协调，当出现进度偏差时，要及时汇报，共同商讨应对方案。

②建立有效的沟通机制。在项目施工过程中，要做到不同管理部门、专业之间的沟通和协调，尤其要加强工序交接前后专业分包单位的沟通，保证工序的顺利搭接，不延误进度；同时，总承包商、分包单位、监理、业主、设备厂家彼此之间都要保证良好的沟通和协调，促进技术交流和信息收集，保证项目进度按照计划顺利进行。

③组织综合流水施工。在本医院项目中，分包单位所负责的单位工程很少集中在一块，彼此之间相互独立，分包单位在多个单位工程之间组织流水施工，使各班组能连续均匀地施工，充分利用作业面，提高了工作效率，方便管理，缩短了工期。

## 9.5 进度计划管理启示

广西国际壮医医院项目采用EPC工程总承包的模式，将勘察、设计、采购、施工、试运行全阶段统筹考虑，合理规划工程进度计划，积极配合分包单位的施工要求、协调分包单位的交叉作业，项目保质保量并提前两个月竣工。进度管理是项目管理的重心，也是业主方最为关心的重点，因为项目能够按时完工是满足业主自身需求、提升业主行业竞争力以及保证业主自身效益的关键。而EPC总承包单位对项目进度的管理必须遵循科学、系统的项目管理理论，项目经理作为项目负责人，需要有足够的技术能力和项目管理能力以及最关键的沟通协调能力，保证项目团队的工作效率，以及各分包单位交叉工序的有序搭接，从宏观上保证项目的总体进度，才能保证项目进度计划如期展开。

# 第10章 质量管理

## 10.1 质量管理的基本理念

工程建设项目的质量管理就是确立质量方针的全部职能及工作内容，以及针对其工作效果所进行的一系列活动，也就是为了保证工程项目质量满足工程合同、设计文件规范标准等要求所采取的一系列措施方法和手段。它是一个组织中所有管理活动的重要组成部分，是有计划、有系统的活动。

### 10.1.1 满足业主质量要求

总承包单位肩负着业主的委托，责任重大。首先要建立健全的管理制度，各专业配置合理，人员配备到位，工作及生活设施齐备，能按总承包合同要求充分发挥主观能动性，实施全过程的总承包任务。工作中坚持"凡事有人负责、凡事有据可查、凡事有法可依、凡事有人监督"的原则，有规范的行为、用语、思维和管理。新引进的人才要有丰富的经验，有一定的设计、施工、管理水平，要经过设计、施工、管理标准化培训后才可上岗。加大个人在工作中的考核，每年评审鉴定。总承包单位应不断扩大管理队伍的人才库，对于做出贡献或失职的管理人员，要敢于重奖和重罚。

在总承包工作中，应树立全心全意为业主服务的理念，一定要不折不扣地执行与业主签订的总承包合同条款。在质量管理过程中，无论发生什么情况，都要把业主的利益放在首位，把满足业主的质量要求作为工作的出发点和落脚点，要始终保持与业主立场的一致性，尽职尽责，使服务满足业主的要求。

### 10.1.2 实行全面质量管理

本项目为工程总承包项目，涉及项目的勘察、设计和施工三个重要阶段，能否把控和管理各阶段工作实施要点，决定了本项目能否在保证施工生产安全文明的情况下，按照国家的相关规定的质量要求，按计划完成项目的全部承包范围内的工作内容。

**1. 勘察质量管理**

以"质量第一、服务第一、信誉第一"为宗旨，向顾客提供满意的符合合同和标准的每项产品和服务。杜绝一切挂靠行为。针对本工程的特点，总承包方制订了科学严密的质量保证措施，具体如下：

（1）坚持"三环节管理"和质量第一的原则，当质量和进度发生矛盾时，以质量为重，做好进度管理。野外作业与室内作业交叉进行，坚持加班加点，按时按质，并力争提前提交最终勘察成果。

（2）严格遵循我国现行有关规范、规程如《岩土工程勘察规范》（GB 50021—2001）（2009版），以及相关质量体系文件，保证野外记录的准确性、完整性和科学性。

（3）严格按照我国现行有关规范、规程及工程建设标准强制性条文的规定以及相关质量体系文件，对勘察的全过程进行质量控制，提交最终成果前，要经过五道工序进行过程控制，保证勘察报告符合合同和标准要求。勘察报告的编制和图表的绘制均采用计算机辅助完成，保证按时按质地向建设单位提供满意的勘察产品，并保证满足设计及审图要求，在后续的设计和施工过程中，对勘察成品进行全方位的跟踪服务，务必做到业主满意、设计满意、施工满意。

**2. 设计质量管理**

步步为营、精心把控每个阶段的设计进度及质量。

1）方案阶段实施要点

设计方案的确定是本项目设计工作能否顺利进行的关键环节，不解决好这个问题，将难以掌控设计进度。必须认真研究，详细规划部署，并应得到甲方的全力支持和配合。

①根据业主要求，以前期阶段工作成果为依据，对方案设计任务进行全方

位解读及思考，进而科学合理地进行方案设计，以指导下阶段的设计工作。

②组织不同的设计部门进行方案构思。通过多角度思考，对总平面图设计、功能布局、外立面效果、景观、室内装饰等设计内容提出详细的设计方案。组织评审进行可行性比较，初步定稿后，与业主、总包沟通。

③应对技术、材料、色彩方案进行可行性比较，初步定稿后，与业主总包沟通，保证方案具有创新性、科学性、先进性。

④基于项目的重要性，在方案设计阶段，要求各设计工种均要提前介入，积极参与配合，尽量将问题放在前期解决，以确保方案合理可行，保证项目后续设计阶段能将更多时间用来控制设计质量。

⑤对国内外类似优秀项目进行实地考察。

2）初步设计阶段实施要点

①根据批复的设计方案，结合工程地质报告，按照国家规定的初步设计深度对方案进行深化设计，并编制工程投资概算书。

②各专业确定设计实施及设备系统方案后，组织公司级评审，修改并由评审委员会签字确认后，方可进行下一项工作。

③各专业设计人员应严格按照国家规范、规定执行，从环保生态出发，积极推广新技术、新产品，在安全的情况下，尽量控制成本，使投资最经济。

3）施工图阶段实施要点

施工图设计是项目设计进度管理的重点，直接影响采购周期较长的设备、材料的购买，所以它是整个项目建设进度关键线路上的一步。设计的质量和进度必须满足施工进度的要求。

①进一步加强技术力量投入，施工图设计人员均应具有中大型医疗建筑设计经验。另外，应制订详细的设计周期表并配备相关负责人，责任明晰，并制订相应的奖惩措施，保证每个专业的设计质量及进度满足要求。

②施工过程中的设计变更是影响工程施工进度的主要且不可避免的因素，相关设计人员负责与施工单位进行协调、沟通，在最短时间内完成变更要求。

③对设计中常见的错漏及影响观感的部分进行专项评审会，记录并解决这些问题。

### 3. 施工质量管理

建立施工质量控制体系，细化各分部分项工程施工质量控制。

1）建立施工质量控制体系

建立以项目经理为第一责任人的施工质量管理组织架构，下设施工技术负责人、质量总监、生产副经理以及技术质量部、施工管理部等有关质量管理人员，将质量管理逐步分解。并制订质量奖罚制度、技术复核制度、工程质量样板引路制度、过程三检制度、施工挂牌制度等质量管理制度，以制度控制质量。

2）细化各分部分项工程施工质量控制

①根据设计图纸和现场条件对工程施工进行分析，确定关键工序和关键部位。

②针对关键工序、关键部位的施工，组织专业人员召开专题讨论，确定关键工序、关键部位的专项施工方案。

③现场组织人员按专项施工方案展开施工，并由专人跟踪检查施工方案的落实情况。

④由质量总监对关键工序、关键部位的施工质量进行监控，包括施工过程的质量控制、报审、隐蔽验收、成品质量等方面。

⑤由技术负责人对关键工序、关键部位进行技术复核，包括关键工序、关键部位的现场施工过程、成品质量、质保资料等方面。

## 10.2 总承包质量管理模式

### 10.2.1 质量管理目标

采用PDCA循环管理模式对项目建设全过程中的设计、施工质量进行检查、纠偏和预防，保证其质量等级达到国家现行质量合格标准，确保获得广西区优质工程，争创国家优质工程奖、鲁班奖。

### 10.2.2 总承包质量管理原则

#### 1. 坚持质量第一原则

在工程项目的建造过程中，严格遵守质量的要求，时时刻刻把质量放在第一位，决不允许为"赶进度，抓生产"而降低质量要求。

**2. 坚持为业主服务原则**

业主是工程项目的使用人，是工程的直接受用者，所以必须要以业主的要求为基本目标，保证项目的质量，给业主提交一份满意的答卷。

**3. 坚持以预防为主原则**

重点做好质量工作的事前、事中控制，对计划、组织、原材料、半成品进行严格掌控，重视进场和过程验收。

**4. 坚持质量的标准原则**

质量标准是评价产品质量的尺度，工程质量是否符合合同规定的标准和要求，应先进行质量检查，并和质量标准相对照，符合质量标准，才能认为是合格的，如不符合质量标准，必须返工处理。

**5. 坚持科学、公正、守法的职业道德规范**

在工程质量控制中，质量管理人员必须坚持科学、公正、守法的职业道德规范，要尊重科学，尊重事实，以数据资料为依据，客观、公正地处理质量问题。要坚持原则，遵纪守法。

### 10.2.3 总承包联合体的质量管理组织

项目总承包管理部为项目管理层，由项目总负责人统一领导的职能管理部门组成，分为统筹计划组、设计管理组、施工管理组和投资合约组（图10.2-1），其中由设计管理组、施工管理组分别对项目的设计、施工质量管理负责。

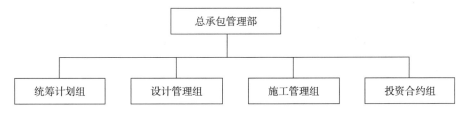

**图10.2-1 总承包管理部组织架构**

**1. 设计管理组**

在项目总负责人的领导下，设计管理组负责组织、指导、协调项目的设计工作，确保设计工作按合同要求组织实施，全面保证对设计进度、质量和费用的管理与控制；编制项目设计计划，明确设计工作范围、设计原则、设计数据与设计文件的管理和控制、设计人员非工资费用计划及设计主要会议计划；组织审查工程设计必备条件和基础资料的可靠性和完整性；组织各专业确定工程的设计标准、规范，统一规定重大设计原则并严格执行；编制项目设计进度计划；组织有关专业参加设计协调会议，协调与协作单位的条件关系；组织处理与设计有关的外部与内部变更；编写工程设计总说明，汇总各专业文件，提出工程设计文件清单；工程施工前，负责组织设计复查、设计交底和设计修改工作；参与施工安装检查等工作；组织有关专业对工程设计阶段的文件资料、计算书等进行整理归档。

**2. 施工管理组**

在项目总负责人的领导下，施工管理组负责项目的施工管理，对施工进度、质量、费用和安全进行全面的监控；负责对分包商进行协调、监督和管理工作；编制项目施工计划，确定施工范围、施工管理组织与人员、施工总体方案、施工进度和费用控制要求、施工质量保证与质量控制要求以及安全要求等；确定现场施工组织机构、工作程序以及各岗位负责人；组织编制施工组织设计、施工方案以及安全施工等文件；组织制订现场施工管理文件；定期召开施工计划执行情况检查会，检查、分析存在的问题，研究处理措施，按月审查施工进展情况报告；按合同约定，组织设备、材料到达现场后的交接和安排保管工作；管理现场财务和会计工作，审查和签发支付工程进度款报告；管理现场职业健康、安全、文明施工；负责监督安全文明措施费是否专款专用，监督检查施工单位劳保、保险等是否到位；监督监理人员是否行使了安全监督的责任；施工任务完成后，组织竣工验收，协助项目经理办理工程管理权交接手续；负责处理施工遗留问题，根据合同要求进行技术服务；组织编写项目施工完工报告；组织进行工程施工总结。

### 10.2.4 工程质量的管理责任分工

**1. 项目负责人**

（1）项目负责人是工程质量的第一责任人，负责保证国家、行业、地方标准规范以及企业工程质量管理规定在项目实施中得到贯彻落实。

（2）负责组织工程质量策划和总承包实施方案大纲的编制，制订工程质量实施总目标，并监督项目部各职能部门及分包单位执行。

（3）根据合同要求，明确并分解落实本项目部的成本、进度、质量、职业健康安全、环境管理等目标。

（4）组织本项目部人员学习标准、规范和体系文件及其他有关知识，满足各项质量管理工作的需要。

（5）及时了解工程质量状况，参加项目的工程质量周检和工程质量专题会议，支持项目分管工程质量的副经理及项目专职质检员的工作。

**2. 项目执行经理**

（1）项目执行负责人（项目执行经理）由项目负责人（项目经理）授权，对工程总承包项目进行管理，负责执行项目合同，对项目实施进行计划、组织、领导和控制，全面负责项目的质量、费用和进度。

（2）制订项目部质量实施计划，组织和管理项目部质量工作。

（3）主持项目部的日常工作。

（4）负责项目建设全过程质量管理工作，包括设计质量管理、施工质量管理、采购质量管理等。

**3. 技术负责人**

（1）根据工程质量策划和质量计划，编制专项施工方案、工艺标准、操作规程，提出质量保证措施。

（2）负责组织图纸会审和处理各专业问题，组织落实项目质量技术交底工作。

（3）负责推广应用"四新"技术，负责资料的收集、整理、保管和总结撰写。

（4）负责组织质量控制小组活动。

**4. 设计管理工程师**

（1）在项目负责人领导下，设计管理工程师对设计质量进行管理，负责组织设计施工图审查工作，负责检查初设、施工图等阶段是否违反强制性条文、低级错漏及建筑使用功能不合理的设计质量工作。

（2）根据项目总进度计划、项目质量计划和设计计划，控制设计进度和质量，保证设计进度质量满足项目现场要求。

（3）对设计关键控制点进行复核，检查各专业图纸是否存在冲突。

（4）负责收集并审查建设单位提供的设计输入资料的完整性和可靠性，并提供给设计单位；组织协调各方参加设计方案、初步设计评审会、施工图会审及隐蔽工程、主体封顶、竣工验收等工作。

### 5. 施工管理工程师

（1）在项目执行经理的领导下，施工管理工程师对工程进行管理，包括对施工进度、质量、费用和安全进行全面的监控。

（2）负责监督项目的施工质量，落实质量管理制度。

（3）根据项目总承包实施方案、总进度计划、质量计划，对土建、安装、装修、调试全过程进行质量监督、控制。

（4）跟进整改发现的质量问题，完善质量整改过程文件。

（5）负责审核过程质量资料，按规定进行保存和归档。

## 10.2.5 质量管理相关制度

### 1. 设计质量制度

（1）图纸质量控制奖励制度：适用于工程项目方案设计、初步设计、施工图设计等阶段的图纸内部评审等各项活动，设计质量按建筑、结构、给水排水、电气、暖通、智能、装修及园林景观专业分别评定（图10.2-2），当意见为有效意见，即能节约造价、缩短工期、施工可行且被采纳，则按照意见累计数量计算相应奖励金额。

附件1

设计质量评审表　表一（通用部分）

| | | | | | |
|---|---|---|---|---|---|
| 项目名称 | | | | | |
| 项目设总 | | | | 设计阶段 | |
| 审核人 | | | | 审核时间 | |
| 序号 | 审查要点 | 核实 | 具体问题 | 回复 | 复核 |
| | 1、设计工作记录及设计资料文件完整性 | | | | |
| 1.1 | 项目基础资料缺失或不完整 | | | | |
| 1.2 | 设计任务书缺失或不完整 | | | | |
| 1.3 | 设计统一条件缺失或不完整 | | | | |
| 1.4 | 设计进度计划缺失或不完整 | | | | |
| 1.5 | 方案评审意见及会议纪要缺失 | | | | |
| 1.6 | 海绵城市、绿色建筑、节能方案、夜景亮化方案、超限审查、艺术专审评审意见及会议纪要 | | | | |
| 1.7 | 初步设计评审意见及会议纪要 | | | | |
| 1.8 | 施工图评审意见及会议纪要缺失 | | | | |
| 1.9 | 施工图技术交底，图纸会审记录缺失 | | | | |
| 1.10 | 施工图审查合格材料缺失或不完整 | | | | |
| 1.11 | 消防、人防审查合格材料缺失或不完整 | | | | |
| | 2、设计管理流程执行 | | | | |
| 2.1 | 施工图设计对方案进行了较大修改未与业主方案设计师沟通并经同意 | | | | |
| 2.2 | 由业主发生的变更未取得业主指令 | | | | |
| 2.3 | 由业主发生的变更修改后未取得业主签字确认 | | | | |
| | 3、设计失误 | | | | |
| | 3.1一般问题 | | | | |
| 3.1.1 | 设计中选用规范不当，不满足政府及相关管理部门要求 | | | | |
| 3.1.2 | 设计中存在国家或地方严禁采用的材料 | | | | |
| 3.1.3 | 设计不符合国家或地方法规、规范及设计任务书的要求，影响使用功能 | | | | |
| 3.1.4 | 设计中安全性考虑不当，影响使用功能 | | | | |
| 3.1.5 | 设计漏项 | | | | |
| 3.1.6 | 各专业之间设计不一致 | | | | |
| | | | | | |

图10.2-2　设计质量评审表

（2）统一设计技术标准制度：更有效地加强工程管理和质量，控制工程造价，加强图纸审查，明确及强调公司的相关技术要求。在技术要求满足国家设计规范和地方相关设计规程的前提下，以保障实现设计最优、经济利益最大为工作目标，对设计中的有关做法及常见问题进行必要的统一与明确，经过指导，使设计更加合理（图10.2-3）。

图10.2-3　设计管理统一技术条件

（3）设计管理标准化制度：制订项目全过程管理标准化流程，对设计流程提出质量标准化要求，提高管理工作效率（图10.2-4）。

**2. 施工管理制度**

（1）质量奖罚制度：与施工班组签订奖罚协议书，根据其工作的质量情况进行奖励和处罚。

（2）工程质量负责制度：项目部对工程的分部分项工程质量向建设单位负责，每月向业主（或监理）呈交一份本月技术质量总结。

（3）图纸会审技术交底制度：项目部组织项目相关人员进行图纸审核，做好图纸会审记录，协助业主、设计人员做好设计交底工作，解决图纸中存在的问题，并做好记录。每个工种、每道工序施工前，要组织相关人员进行各级技术交

**设计管理标准化手册**

**目录**

图10.2-4 设计管理标准化手册

底，包括专业工程师对工长的技术交底，工长对班组长及班组长对作业人员的技术交底。各级交底以书面进行。

（4）技术复核制度：在施工过程中，对于重要的技术质量工作，应在分部分项工程施工前及施工过程中进行复核，以免发生重大偏差，影响工程质量和使用。

（5）隐蔽工程验收制度：只要是隐蔽工程，必须组织验收，填写隐蔽工程验收文件。

（6）工程质量样板引路制度：各道工序或各分部分项工程施工前，必须制作样板，样板各工序及各节点构造通过业主、设计、监理和施工单位验收合格后，方可大面积展开施工。在施工过程中，各分部分项工程的施工工艺、质量控制重点和质量标准应严格按照样板展示的标准落实，强化工序质量。

（7）材料设备检试验制度：物资设备管理部将材料设备纳入管理范围，其使用前必须检验，合格后方可使用。对于不合格的材料、设备，应立即封存，并进行退场处理。

（8）工程质量事故处理制度：一旦发生质量事故，应立即停止施工，相关部门应查清原因，提出处理意见，并经监理、业主和设计方认可，施工单位应立即采取措施，待隐患消除后方可复工。

（9）成品保护制度：上、下工序之间应做好交接工作，并做好记录。当下道工序的施工可能对上道工序的成品造成影响时，应征得上道工序操作人员及管理人员的同意，方可进行下道工序。

（10）质量例会讲评制度：由施工管理工程师组织每周质量例会和每月质量讲评。对质量好的，要予以表扬；对需整改的，应限期整改，并在下次质量例会逐项检查是否彻底整改。

（11）质量否决制度：不合格分项、分部和单位工程必须进行返工。如不合格分项工程流入下道工序，要追究班组长的责任；如不合格分部工程流入下道工序，要追究专业工程师和质量工程师的责任；如不合格工程流入社会，要追究质量工程师和项目经理的责任。

（12）过程三检制度：实行自检、专检、交接检制度，并做好文字记录。隐蔽工程由工长负责组织，项目技术员、质量员、班组长参与检查，并做出较详细的文字记录。

（13）施工挂牌制度：对于主要工种如钢筋、混凝土、模板、砌筑、抹灰及水电安装等，在施工过程中，应在现场实行挂牌制，注明管理者、操作者、施工日期，并做相应的图文记录，作为重要的施工档案保存。当现场不按规范、规程施工而造成质量事故时，要追究有关人员的责任。

## 10.3　质量管理的技术保障

较重要的专业施工项目是质量控制的重点。因此，在这些分项施工中，施工管理部必须处于主导地位，可以由施工质量管理部门直接进行控制。

存在指定分包时，分包单位应该建立质量管理体系，制订有关专业的有针对性的管理制度和详细的管理措施。作为总承包单位，将针对每个专业分包配备专业的质量员，总承包单位的专业质量员主要监督专业分包质量管理机构的建立，各分包单位在施工过程中产生的质量问题都通过专业质量员汇集到总承包单位质量管理层，经过总承包单位质量管理体系的统一部署，制订某一阶段的质量管理措施，再反馈给各分包单位，给其制订下一阶段的质量预控措施，发挥总承包单位的协助、引导作用。

　　总承包单位督促分包建立质量保证组织机构，以总承包组织管理机构为框架进行人员搭配。配备专职质量检查员，对质量实行全过程控制。

# 第11章 安全管理

## 11.1 工程安全管理策划

### 11.1.1 工程安全管理的特点

#### 1. 工程安全管理的含义及其方针

安全是指没有危险，不出事故，未造成人身伤亡和资产损失。《职业健康安全管理体系》把安全定义为"免除了不可接受的损失风险的状态"。通过连续的危险识别过程和安全风险管理，将给个人造成的危险或者财产损失的可能性降低至、保持在或者低于一个可以接受水平的状态。

工程安全指工程项目实施过程中的安全。

工程安全管理指工程项目实施过程中，组织安全生产的全部管理活动，即对安全生产工作进行的策划、组织、指挥、协调、控制和改进的一系列活动。

工程安全管理的目的是通过对工程项目实施过程中可能造成人身伤害、机具损坏、环境干扰等影响安全生产的危险源的控制，使不安全行为和状态减少或消除，以达到减少一般事故，杜绝伤亡事故，从而实现工程安全管理目标，保证工程项目实施的正常运行。

工程安全管理工作的方针是安全第一，预防为主。

随着工程安全生产管理工作实践的深入，安全生产管理工作方针已进一步深化为"安全第一，预防为主，综合治理"，强调真正做到消除隐患，预防事故发生，达到安全生产的目的，必须进行综合治理。

#### 2. 安全控制依据

工程项目安全施工生产对保护劳动者和国家财产有着重要的意义。早在

1956年，国务院就颁布了安全生产三大规程，即《工厂安全卫生规程》《建筑安装工程安全技术规程》和《工人职员伤亡事故报告规程》。近年来，随着生产力的发展、技术的进步、施工手段的创新，国家对安全生产又以立法的形式，形成了一系列安全生产法规，把生产活动同生产安全、职业健康与环境影响科学地有机结合起来，参与施工活动的人们应遵循这些法规，施工安全管理人员更应认真学习，作为进行施工安全管理与控制工作的依据。

1）安全法规（亦称劳动保护法规）

安全法规是用立法的形式制定的既能保护劳动者安全生产，又能限定和约束劳动者的不安全行为的政策、规程、条例和制度。安全法规侧重于对劳动者安全方面的管理，其管理的方法和手段主要是建立安全责任制，进行安全教育，并对安全事故进行调查处理。

我国现行有关安全、职业健康、与环境卫生方面的法规已有100多种，工程建设人员在工程施工中均需遵循，下面列举其中几种：

①《中华人民共和国劳动法》；

②《中华人民共和国安全生产法》；

③《中华人民共和国建筑法》；

④《中华人民共和国消防法》；

⑤《中华人民共和国职业病防治法》；

⑥《建设工程安全生产管理条例》；

⑦《建设项目（工程）劳动安全卫生监察规定》；

⑧国家标准《建设工程项目管理规范》（GB/T 50326—2017）；

⑨国家标准《职业健康安全管理体系 要求及使用指南》（GB/T 45001—2020）；

⑩国家标准《环境管理体系 要求及使用指南》（GB/T 24001—2016）；

⑪《建设工程施工现场管理规定》；

⑫《生产安全事故报告和调查处理条例》。

2）安全技术

安全技术是指在施工过程中，为了防止和消减人员伤亡事故，或为了减轻笨重劳动方式所采取的安全技术措施。安全技术侧重于对劳动手段、劳动对象的管理。消除或减少由"物"而造成的不安全因素。对安全技术采取的主要控制方法与手段是编制专业施工安全技术方案，加强安全技术管理，认真进行安全检查。

由于各行业的施工方法不同，它们的安全施工技术也有所差异，如建筑、安装、道路、桥梁、隧道、爆破、线路架设、长输管道和施工用机电等，应按它们的施工特点，分别制定相关的安全技术操作规程。

3）工业卫生与职业健康

工业卫生是指在施工过程中，由于高温、严寒、粉尘、噪声、振动、毒气与废气污染等恶劣作业环境因素，造成危害劳动者身体健康而采取的防范措施。工业卫生侧重于对劳动环境的管理。主要采取的管理措施是开展经常性的安全检查，发现不符合工业卫生条件的场所时，要及时采取针对性措施加以处理，改善劳动环境。

职业健康是以人为本，为所有进入施工现场的人员提供一个合适的工作环境和远离危害健康的场所，并执行项目职业健康的检查制度，确保施工人员职业健康全力投身于工程施工。

### 11.1.2 工程安全管理系统

领导小组应如图11.1-1进行设置。

组长：项目经理；

组员：……

### 11.1.3 工程安全管理制度

#### 1. 工程总承包及项目管理类项目安全管理标准

1）安全管理目标

①安全管理目标应包括生产安全事故控制指标、安全生产隐患治理目标，以及安全生产、文明施工管理目标等，安全管理目标应予量化。

②安全管理目标应分解到安全管理小组及各项目部，并定期进行考核。安全管理小组和项目部应根据公司安全管理目标的要求制订自身的管理目标和措施，共同促进目标的实现。

2）安全生产管理组织和责任体系

①公司承接的总包类项目应要求建筑施工企业必须建立和健全安全生产组

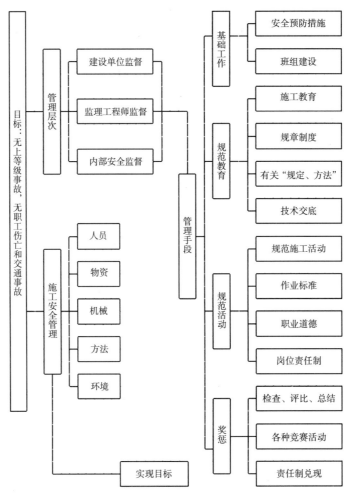

图11.1-1　安全保证体系

织体系，明确各管理层、职能部门、岗位的安全生产责任。

②总包方需审查、评价建筑施工企业安全生产管理组织体系，体系应包括各管理层的主要负责人，专职安全生产管理机构及各相关职能部门，专职安全管理及相关岗位人员。

③总包方要求建筑施工企业提交各管理层、职能部门、岗位的安全生产责任书，并经责任部门或责任人确认。责任书的内容应包括安全生产职责、目标、考核奖惩规定等。

3）安全生产管理制度

①总包方应以确保项目安全生产责任制为核心，建立健全安全生产管理制度。

②总包方对建筑施工企业相关安全生产管理制度进行检查，包括安全生产教育培训体系、安全生产资金保障、安全生产技术管理、施工设施、设备及临时建（构）筑物的安全管理、分包（供）安全生产管理、施工现场安全管理等制度。

③总包方应建立事故应急救援、生产安全事故管理、安全检查和改进、安全考核和奖惩等制度。

4）安全生产教育培训

总包方应当要求建筑施工企业建立安全生产教育培训体系，并对其工作成果进行评价，包括如下内容。

①建筑施工企业新上岗操作工人必须进行岗前教育培训，教育培训有：安全生产法律法规和规章制度；安全操作规程；针对性的安全防范措施；违章指挥、违章作业、违反劳动纪律产生的后果；预防、减少安全风险以及紧急情况下应急救援的基本措施。

②建筑施工企业应结合季节施工要求及安全生产形势对从业人员进行日常安全生产教育培训。

③建筑施工企业每年应按规定对所有相关人员进行安全生产继续教育，教育培训应包括新颁布的安全生产法律法规、安全技术标准、规范、安全生产规范性文件；先进的安全生产管理经验和典型事故案例分析。

④企业的下列人员上岗前还应满足相关要求：企业主要负责人、项目负责人和专职安全生产管理人员必须经安全生产知识和管理能力考核合格，依法取得安全生产考核合格证书；企业的技术和相关管理人员必须具备与岗位相适应的安全管理知识和能力，依法取得必要的岗位资格证书；特种作业人员必须经安全技术理论和操作技能考核合格，依法取得建筑施工特种作业人员操作资格证书。

5）安全技术管理

①总包方安全技术管理应包括对施工单位以下工作进行审核、评价：危险源识别，安全技术措施和专项方案的编制、审核、交底、过程监督、验收、检查、改进等工作内容。

②总包方应督促建筑施工企业各管理层的技术负责人对管理范围的安全技术工作负责。

③总包方应检查建筑施工企业在施工组织设计中编制的安全技术措施和施工现场临时用电方案，以及危险性较大分部分项工程的专项安全施工方案，并按规定组织专家对其中超过一定规模的方案进行论证。

④总包方应明确各管理层施工组织设计、专项施工方案、安全技术方案（措施）的编制、修改、审核和审批的权限、程序及时限。

⑤总包方应检查建筑施工企业根据施工组织设计和专项安全施工方案（措施）对编制和审批权限的设置，组织相关编制人员参与安全技术交底、验收和检查。

6）分包（供）安全生产管理

①分包（供）安全生产管理应包括分包（供）单位选择、施工过程管理、评价等工作内容。

②总包方应依据安全生产管理责任和目标，明确对分包（供）单位和人员的选择和清退标准、合同条款约定和履约过程控制的管理要求。

③总包方对分包单位的安全管理应符合下列要求：选择合法的分包（供）单位；与分包（供）单位签订安全协议；对分包（供）单位施工过程的安全生产实施检查和考核；及时清退不符合安全生产要求的分包（供）单位；分包工程竣工后，对分包（供）单位的安全生产能力进行评价。

7）施工现场安全管理

①总承包项目的项目部应根据企业安全管理制度，实施施工现场安全生产监督——评价管理，应制订项目安全管理目标，建立安全生产监督体系，实施责任考核；监督、评价施工单位是否配置满足要求的安全生产、文明施工措施资金、从业人员和劳动防护用品；审查、评价施工单位是否选用符合要求的安全技术措施、应急预案、设施与设备；监督施工单位落实施工过程的安全生产，整改隐患，并对整改成果进行审查、评价；监督施工单位，使施工现场场容场貌、作业环境和生活设施安全文明达标；组织事故应急救援及抢险；对施工安全生产管理活动进行必要的记录，保存应有的资料。

②施工现场安全生产责任体系应符合以下要求：总承包牵头方的执行项目经理是工程项目施工现场安全生产负责人，负责组织落实安全生产责任，实施考核，实现项目安全管理目标；工程项目施工实行施工总承包的，应成立由施工总

承包单位、专业承包和劳务分包单位项目经理、技术负责人和专职安全生产管理人员组成的安全管理领导小组；配备项目安全管理工程师，负责施工现场安全生产日常监督管理；工程项目部其他管理人员应承担本岗位管理范围内与安全生产相关的职责；分包单位应服从总包单位管理，落实总包企业的安全生产要求；施工作业班组应在作业过程中实施安全生产要求；作业人员应严格遵守安全操作规程，做到不伤害自己、不伤害他人和不被他人所伤害。

③项目专职安全生产管理人员应由建筑施工单位委派，并承担以下主要的安全生产职责：监督项目安全生产管理要求的实施，建立项目安全生产管理档案；对危险性较大的分部分项工程实施现场监护，并做好记录；阻止和处理违章指挥、违章作业和违反劳动纪律等现象；定期向企业安全生产管理机构报告项目安全生产管理的情况。

④工程项目开工前，工程项目部应根据施工特征，组织编制项目安全技术措施和专项施工方案，包括应急预案，并按规定审批，论证，交底、验收，检查；方案内容应包括工程概况、编制依据、施工计划、施工工艺、施工安全技术措施、检查验收内容及标准、计算书及附图等。总承包管理牵头方应对该项目安全预案进行检查。

⑤工程项目部应接受企业上级各管理层、建设行政主管部门及其他相关部门的业务指导与监督检查，并按要求对发现的问题进行组织整改。

⑥总承包管理牵头方应与建筑施工单位及时交流安全生产信息，治理安全隐患，回应相关方的诉求。

8）安全检查和改进

①总承包牵头方应督促建筑施工企业进行安全检查和改进管理，包括规定安全检查的内容、形式、类型、标准、方法、频次，检查、整改、复查，安全生产管理评估与持续改进等工作内容。

②建筑施工企业安全检查的内容应包括安全目标的实现程度；安全生产职责的落实情况；各项安全管理制度的执行情况；施工现场安全隐患排查和安全防护情况；生产安全事故、未遂事故和其他违规违法事件的调查、处理情况；安全生产法律法规、标准规范和其他要求的执行情况。

③总承包管理方监督，建筑施工企业安全检查的形式应包括各管理层的自

查、互查以及对下级管理层的抽查等；安全检查的类型应包括日常巡查、专项检查、季节性检查、定期检查、不定期抽查等。例如，工程项目部每天应结合施工动态，实行安全巡查；总承包工程项目部应组织各分包单位每周进行安全检查，每月对照《建筑施工安全检查标准》(JBJ 59—2011)，至少进行一次定量检查；企业每月应对工程项目施工现场安全职责落实情况至少进行一次检查，并针对检查中发现的倾向性问题、安全生产状况较差的工程项目，组织专项检查；企业应针对承建工程所在地区的气候与环境特点，组织季节性的安全检查。

④总承包管理方应根据安全检查的类型，确定检查内容和具体标准，编制相应的安全检查评分表，配备必要的检查、测试器具。

⑤总承包管理方要求建筑施工单位对安全检查中发现的问题和隐患，应定人、定时间、定措施组织整改，并跟踪复查。

⑥建筑施工单位对安全检查中发现的问题，应定期统计、分析，确定多发和重大隐患，制订并实施治理措施。

⑦建筑施工企业应定期对安全生产管理的适宜性、符合性和有效性进行评估，确定安全生产管理需改进的方面，制订并实施改进措施，并对其有效性进行跟踪验证和评价。发生下列情况时，企业应及时进行安全生产管理评估：适用的法律法规发生变化；企业组织机构和体制发生重大变化；发生生产安全事故；发生其他影响安全生产管理的重大变化。

⑧建筑施工企业应建立并保存安全检查和改进活动的资料与记录。总承包管理方应定期或不定期检查、抽查相关资料。

**2. 信息报告与处置**

（1）总承包管理方生产安全事故管理应包括记录、统计、报告、调查、处理、分析改进等工作内容。

（2）发生生产安全事故后，按照有关规定，施工总承包企业应及时如实向主管单位上报，总包牵头项目部监督、配合上报工作。

（3）生产安全事故报告的内容应包括以下内容：事故的时间、地点和工程项目有关单位名称；事故的简要经过；事故已经造成或者可能造成的伤亡人数（包括下落不明的人数）和初步估计的直接经济损失；事故的初步原因；事故发生后采取的措施及事故控制情况；事故报告单位或报告人员。

（4）当生产安全事故上报后又出现新情况，应及时补报。

（5）建筑施工企业应建立生产安全事故档案，事故档案应包括以下内容：企业职工伤亡事故月报表；企业职工伤亡事故年统计表；生产安全事故快报表；事故调查情况报告，对事故责任者的处理决定，伤残鉴定，政府的事故处理批复资料及相关影像资料；其他有关资料。

（6）对生产安全事故的调查和处理，应做到"事故原因不查清楚不放过、事故责任者和从业人员未受到教育不放过、事故责任者未受到处理不放过，没有采取防范事故再发生的措施不放过"。

**3. 施工现场的应急处理设备和设施管理**

1）应急电话安装与使用

①应急电话的安装要求如下：工地应安装电话，无条件安装电话的工地应配置移动电话。电话可安装于办公室、值班室、警卫室内。在室外附近张贴119电话的安全提示标志，以便现场人员都了解火警信息，在应急时能快捷地找到电话拨打报警求救。电话一般应放在室内临现场通道的窗扇附近，电话机旁应张贴常用紧急查询电话以及工地主要负责人和上级单位的联络电话，以便在节假日、夜间等情况下使用。当房间无人并上锁，有紧急情况无法开锁时，击碎窗玻璃，便可以向有关部门、单位、人员拨打电话报警求救。

②应急电话的正确使用方法如下：为合理安排施工，事先拨打气象专用电话，拨打电话121可了解气候情况，掌握近期和中长期气候，以便采取针对性措施组织施工，既有利于生产，又有利于工程的质量和安全。对于工伤事故现场重病人抢救，应拨打120救护电话，请医疗单位急救。对于火警、火灾事故，应拨打119火警电话，请消防部门急救。当发生抢劫、偷盗、斗殴等情况时，应拨打110向公安部门报警。对于煤气管道设备急修，自来水报修、供电报修，以及向上级单位汇报情况争取支持，都可以通过应急电话达到方便快捷的目的。在施工过程中，应保证通信的畅通，以及正确利用好电话通信工具，可以为现场事故应急处理发挥很大作用。

③电话报救须知如下。火警是119，医疗急救是120，匪警是110。拨打电话时，要尽量说清楚以下几件事：

第一，说明伤情（病情、火情、案情）和已经采取了些什么措施，以便让救护人员事先做好急救的准备。第二，讲清楚伤者（事故）的具体位置，靠近什么路口，附近有什么特征。第三，说明报救者单位、姓名（或事故地）的电话，以便救护车（消防车、警车）找不到所报地方时，可以随时通过电话联系。陈述完求救内容后，应问接报人员还有什么问题不清楚，如无问题，才能挂断电话。通话结束后，应派人在现场外等候接应救护车，同时把救护车进工地现场的障碍及时予以清除，以便于救护人员到达现场后，能及时进行抢救。

2）急救箱

①急救箱的配备：应以简单和适用为原则，保证现场急救的基本需要，并可根据不同情况予以增减，定期检查补充，确保随时可供急救使用。

②急救箱使用注意事项：有专人保管，但不要上锁。定期更换超过消毒期的敷料和过期药品，每次急救后，要及时补充相关耗材。放置在现场人员都知道的合适位置。

3）其他应急设备和设施

由于施工现场经常会出现一些不安全的情况，甚至发生事故，或因采光和照明情况不好，在应急处理时，就需配备应急照明，如可充电工作灯、电筒、油灯等设备。

由于现场有危险情况，在应急处理时，就需要有用于隔离危险区域的警戒带、各类安全禁止、警告、指令、提示标志牌。

有时为了安全逃生、救生需要，还必须配置安全带、安全绳、担架等专用应急设备和设施工具。

### 11.1.4 施工现场重大危险源及管理措施

#### 1. 施工现场重大危险源与风险分析

1）施工场所危险源与风险分析

受施工过程及现场活动所限，施工场所危险源主要与施工分部、分项（工序）工程，施工装置（设施、机械）及物质有关。施工场所危险源主要包括如下内容。

①脚手架（包括落地架，悬挑架、爬架等）、模板和支撑、起重塔吊、物料提升机、施工电梯安装与运行、人工挖孔桩（井）、基坑（槽）施工，局部结构工

程或临时建筑（工棚、围墙等）失稳，造成坍塌、倒塌意外。

②高度大于2m的作业面（包括高空、洞口、临边作业），因安全防护设施不符合或无防护设施、人员未配系防护绳（带）等造成人员踏空、滑倒、失稳等意外。

③焊接、金属切割、冲击钻孔（凿岩）等施工及各种施工电器设备的安全保护（如漏电、绝缘、接地保护、一机一闸）不符合要求，而造成人员触电、局部火灾等意外。

④工程材料、构件及设备的堆放与搬（吊）运等发生高空坠落、堆放散落、撞击人员等意外。

⑤工程拆除、人工挖孔（井）、浅岩基及隧道凿进等爆破，因误操作、防护不足等，发生人员伤亡、建筑及设施损坏等意外。

⑥人工挖孔桩（井）、隧道凿进、室内涂料（油漆）及粘贴等因通风排气不畅而造成人员窒息或气体中毒危险源。

⑦施工用易燃易爆化学物品临时存放或使用不符合、防护不到位，造成火灾或人员中毒意外；工地饮食因卫生不符合，造成集体中毒或疾病。

2）施工场所及周围地段危险源与风险分析

存在于施工现场并可能危害周围社区的活动，主要与工程项目所在社区地址、工程类型、工序、施工装置及物质有关。

①临街或居民聚集、居住区的工程深基坑、隧道、地铁、竖井、大型管沟的施工，由于支护、顶撑等设施失稳、坍塌，不但造成对施工场所的破坏，往往引起地面、周边建筑和城市运营重要设施的坍塌、坍陷、爆炸与火灾等意外。

②基坑开挖、人工挖孔桩等施工降水，造成周围建筑物因地基不均匀沉降而倾斜、开裂，倒塌等意外。

③临街施工高层建筑或高度大于2m的临空（街）作业面，因无安全防护设施或不符合，造成外脚手架、滑模失稳等坠落物体（件）打击人员等意外。

④工程拆除、人工挖孔（井）、浅岩基及隧道凿进等爆破，因设计方案、误操作、防护不足等造成施工场所及周围已有建筑及设施损坏、人员伤亡等意外。

⑤在高压线下、沟边、崖边、河流边、强风口处、高墙下、斜坡地段等设置办公区或生活区临建房屋，因高压放电、崩（坍）塌、滑坡、倾倒、泥石流等引致房倒屋塌，造成人员伤亡等意外。

## 2. 重大危险源安全监控管理台账（表11.1-1）

检查日期：

工程项目部重大危险源安全监控管理台账

表 11.1-1

| 序号 | 作业项目或部位 | 重大危险因素 | 方案审批 | 方案专家论证 | 危险源公示 | 按批准方案施工 | 技术交底 | 专职管理人员 | 存在较大问题 | 采取措施 | 整改情况 |
|---|---|---|---|---|---|---|---|---|---|---|---|
| 1 | 基坑支护工程（开挖深度超过5m） | 支护设施产生变形 | | | | | | | | | |
| | | 支护结构不合理 | | | | | | | | | |
| | | 支护设施周边超载 | | | | | | | | | |
| | | 基坑外地面沉降或变形 | | | | | | | | | |
| 2 | 土方开挖工程（开挖深度超过5m） | 开挖放坡不符合要求 | | | | | | | | | |
| | | 基坑边坡顶部超载或振动 | | | | | | | | | |
| | | 开挖超过5m时边坡无防护 | | | | | | | | | |
| 3 | 高大模板工程 | 支撑系统不符合要求 | | | | | | | | | |
| | | 立柱不稳定 | | | | | | | | | |
| | | 模板上的施工负载超过规定 | | | | | | | | | |
| | | 混凝土强度未达规定即提前拆模 | | | | | | | | | |
| | | 堆放物过高而不稳定 | | | | | | | | | |
| 4 | 起重吊装工程 | 超负荷起吊 | | | | | | | | | |
| | | 钢丝绳磨损已超过报废标准 | | | | | | | | | |
| | | 结构吊装未设置防坠落措施 | | | | | | | | | |
| | | 多机同时工作时起升不同步 | | | | | | | | | |
| | | 吊装机械选择不符合要求 | | | | | | | | | |

续表

| 序号 | 作业项目或部位 | 重大危险因素 | 方案审批 | 方案专家论证 | 危险源公示 | 按批准方案施工 | 技术交底 | 专职管理人员 | 存在较大问题 | 采取措施 | 整改情况 |
|---|---|---|---|---|---|---|---|---|---|---|---|
| 5 | 脚手架工程(高度超过24～50m) | 立杆基础不符合要求 | | | | | | | | | |
| | | 架体与建筑结构拉结不符合要求 | | | | | | | | | |
| | | 剪刀撑不符合要求 | | | | | | | | | |
| | | 架外未设置符合要求的安全网 | | | | | | | | | |
| | | 悬挑高度超过规范规定 | | | | | | | | | |
| | | 脚手架荷载超过规定 | | | | | | | | | |
| | | 脚手板及软防护不符合要求 | | | | | | | | | |
| | | φ48、φ51脚手架杆混用 | | | | | | | | | |
| 6 | 临时用电 | 外电防护不符合规定 | | | | | | | | | |
| | | 未采用TN-S系统 | | | | | | | | | |
| | | 未按三级配电二级保护配电 | | | | | | | | | |
| | | 违反"一机一闸一箱一漏"的规定 | | | | | | | | | |
| 7 | 吊篮 | 安装不符合要求 | | | | | | | | | |
| | | 超负荷施工 | | | | | | | | | |
| | | 安全装置失效 | | | | | | | | | |
| | | 不按规定操作 | | | | | | | | | |
| | | 配重不符合要求 | | | | | | | | | |

续表

| 序号 | 作业项目或部位 | 重大危险因素 | 方案审批 | 方案专家论证 | 危险源公示 | 按批准方案施工 | 技术交底 | 专职管理人员 | 存在较大问题 | 采取措施 | 整改情况 |
|---|---|---|---|---|---|---|---|---|---|---|---|
| 8 | "三宝四口" | 不配戴安全帽、不挂安全网 | | | | | | | | | |
| | | 不系安全带 | | | | | | | | | |
| | | 临边、洞口无防护 | | | | | | | | | |
| 9 | 外用电梯 | 安全装置失效或不灵敏 | | | | | | | | | |
| | | 梯笼出入口无防护 | | | | | | | | | |
| | | 超载运行 | | | | | | | | | |
| 10 | 塔式起重机 | 无力矩限制器 | | | | | | | | | |
| | | 无超高、变幅、行走限位器 | | | | | | | | | |
| | | 无保险装置或失灵 | | | | | | | | | |
| | | 高度超过规定不安装附墙装置 | | | | | | | | | |
| | | 塔式起重机的群防不符合要求 | | | | | | | | | |

单位工程名称（盖章）　　　　　　　　　　　　　　　　　总承包安全管理工程师：

注：☆：本工程或本期无此项内容√：本项内容符合要求×：本项内容不符合要求。

## 11.2 工程安全管理实施

### 11.2.1 工程安全管理措施

#### 1. 火灾、爆炸事故预防措施

各施工现场应根据各自进行的施工具体情况制订预防和应急方案，建立各项消防安全制度和安全施工的各项操作规程。

（1）根据施工的具体情况制订消防保卫方案，建立健全各项消防安全制度，严格遵守各项操作规程。

（2）不得在工程场地内存放油漆、稀料等易燃易爆物品。

（3）施工单位不得在工程内设置调料间，不得在工程内进行油漆的调配。

（4）严禁在工程场地内吸烟，使用各种明火进行作业时，应开具动火证，并设专人监护。

（5）作业现场要配备充足的消防器材。

（6）在施工期间，工程内使用各种明火作业时，应得到施工单位项目经理部消防保卫部门的批准，并且要配备充足灭火材料和消防器材。

（7）严禁在施工现场内存放氧气瓶、乙炔瓶。

（8）在施工作业时，氧气瓶、乙炔瓶要与动火点保持10m的距离，氧气瓶与乙炔瓶的距离应保持5m以上。

（9）进行电、气焊作业时，要取得动火证，并设专人看管，施工现场要配置充足的消防器材。

（10）作业人员必须持证上岗，到项目经理部有关人员处办理动火证，并按要求对作业区域易燃易爆物进行清理，对有可能飞溅下落火花的孔洞采取封堵措施。

#### 2. 触电事故预防措施

（1）坚持电气专业人员持证上岗，严禁非电气专业人员进行任何电气部件的更换或维修工作。

（2）建立临时用电检查制度，按临时用电管理规定对现场的各种线路和设施进行检查和不定期抽查，并将检查、抽查记录存档。

（3）检查和操作人员必须按规定穿戴绝缘胶鞋、绝缘手套，必须使用电工专用绝缘工具。

（4）临时配电线路必须按规范架设，架空线必须采用绝缘导线，不得采用塑胶软线，不得成束架空敷设，不得沿地面明敷。

（5）施工现场临时用电的架设和使用必须符合《施工现场临时用电安全技术规范》（JGJ 46—2019）的规定。

（6）施工机具、车辆及人员应与线路保持安全距离。在达不到规定的最小距离时，必须采用可靠的防护措施。

（7）配电系统必须实行分级配电制度。现场内所有电闸箱的内部设置必须符合有关规定，箱内电器必须可靠、完好，其选型、定值要符合有关规定，开关电器应标明用途。电闸箱内电器系统需统一样式，统一配置，箱体统一刷涂橘黄色，并按规定设置围栏和防护棚，流动箱与上一级电闸箱，应采用外搭方式连接。所有电箱必须使用定点厂家经论证的产品。

（8）工地所有配电箱都要标明箱的名称、控制的各线路称谓、编号、用途等。

（9）应保持配电线路及配电箱和开关箱内电缆、导线对地绝缘良好，不得有破损、硬伤、带电体裸露、电线受挤压、腐蚀、漏电等隐患，以防发生事故。

（10）独立的配电系统必须采用三相五线制的接零保护系统，非独立系统可根据现场的实际情况采取相应的接零或接地保护方式。各种电气设备和电力施工机械的金属外壳、金属支架和底座必须按规定采取可靠的接零或接地保护。

（11）在采取接地和接零保护方式时，必须设两级漏电保护装置，实行分级保护，形成完整的保护系统。漏电保护装置应符合相关规定。

（12）为了在发生火灾等紧急情况时能确保现场的照明不中断，配电箱内的动力开关与照明开关必须分开使用。

（13）开关箱应由分配电箱配电。每台设备应由各自开关箱控制，严禁一个开关控制两台以上的用电设备（含插座），以保证安全。

（14）配电箱及开关箱周围应留有两人同时工作的足够空间和通道，严禁在箱旁堆放建筑材料和杂物。

（15）各种高大设施必须按规定装设避雷装置。

（16）分配电箱与开关箱的距离不得超过30m；开关箱与它所控制的电气设备的距离不得超过3m。

（17）对电动工具的使用应符合国家标准的有关规定。工具的电源线、插头和插座应完好，电源线不得任意接长和调换，工具的外绝缘应完好无损，工具的维修和保管应有专人负责。

（18）施工现场一般采用220V电源照明，结构施工时，应在顶板施工中预埋管，临时照明和动力电源应穿管布线，必须按规定装设灯具，并在电源一侧加装漏电保护器。

（19）电焊机应单独设开关。电焊机外壳应做接零或接地保护。施工现场内使用的所有电焊机必须加装电焊机触电保护器。接线应压接牢固，并安装可靠防护罩。焊把线应双线到位，不得借用金属管道、金属脚手架、轨道及结构钢筋做回路地线。焊把线应无破损，绝缘良好。电焊机设置点应防潮、防雨、防砸。

**3. 电焊伤害事故预防措施**

（1）严禁未受过专门训练的人员进行焊接工作。焊接锅炉承压部件、管道及承压容器等设备的焊工，必须按照《锅炉安全技术监察规程》(TSG G0001—2012)（焊工考试部分）的要求，经过基本考试和补充考试合格，并持有合格证，方可上岗。

（2）焊工应穿帆布工作服，戴工作帽，上衣不准扎在裤子里。口袋须有遮盖，脚下穿绝缘橡胶鞋，以免焊接时被烧伤。

（3）焊工应戴绝缘手套工作，不得采用湿手进行操作，以免焊接时触电。

（4）禁止使用有缺陷的焊接工具和设备。

（5）高空电焊作业人员应正确佩戴安全带，作业面应设水平网兜，并铺彩条布，周围用密目网维护，以防焊渣四溅。

（6）不准在带有压力（液体压力或气体压力）或带电的设备上进行焊接。

（7）现场固定的电源线必须加塑料套管埋地保护，以防止被加工件压迫而发生触电。

（8）进行电焊施工前，要统一办理动火证。

**4. 大型脚手架及高处坠落事故应急处置**

1）大型脚手架出现变形事故征兆时的应急措施

①因地基沉降引起的脚手架局部变形时，应在双排架横向截面上架设八字撑或剪刀撑，隔一排立杆架设一组，直到变形区外排。八字撑或剪刀撑的下脚必

须设在坚实、可靠的地基上。

②脚手架赖以生根的悬挑钢梁挠度变形超过规定值时，应对悬挑钢梁后锚固点进行加固，钢梁上面用钢支撑加U形托旋紧后顶住屋顶。预埋钢筋环与钢梁之间应留有空隙，须用马楔备紧。应逐根检查吊挂钢梁外端的钢丝绳，全部紧固，保证其受力均匀。

③脚手架卸荷、拉接体系局部产生破坏时，要立即按原方案制订的卸荷拉接方法将其恢复，并对已经产生变形的部位及杆件进行纠正。如纠正脚手架向外张的变形，先按每个开间设一个5t捯链，与结构绷紧，松开刚性拉接点，各点同时向内收紧捯链，至变形被纠正，做好刚性拉接，并将各卸荷点钢丝绳收紧，使其受力均匀，最后放开捯链。

2）大型脚手架失稳引起倒塌及造成人员伤亡时的应急措施

①迅速确定发生事故的准确位置、可能波及的范围、脚手架损坏的程度、人员伤亡情况等，以根据不同情况进行处置。

②划出事故特定区域，非救援人员未经允许不得进入特定区域。迅速核实脚手架上的作业人数，如有人员被坍塌的脚手架压在下面，要立即采取可靠措施加固四周，然后拆除或切割压住伤者的杆件，将伤员移出。如脚手架太重，可用吊车将架体缓缓抬起，以便救人。如无人员伤亡，应立即实施脚手架加固或拆除等处理措施。以上行动须由有经验的安全员和架子工长统一安排。

3）发生高处坠落事故的抢救措施

①救援人员首先应根据伤者受伤部位立即组织抢救，促使伤者快速脱离危险环境，送往医院救治，并保护现场。查看事故现场周围有无其他危险源存在。

②在抢救伤员时，迅速向上级报告事故现场情况。

③抢救受伤人员时几种情况的处理：如确认人员已死亡，立即保护现场。如发生人员昏迷、伤及内脏、骨折及大量失血，应立即联系120、999急救车或距现场最近的医院，并说明伤情。为取得最佳抢救效果，还可根据伤情送往专科医院。如出现外伤大出血，在急救车未到前，现场采取止血措施。如有人员骨折，应注意搬运时对伤者的保护，对昏迷、可能伤及脊椎、内脏或伤情不详者，一律用担架或平板移动伤者，禁止用搂、抱、背等方式运输伤员。对于一般性伤情，应送往医院检查，防止发生破伤风。

**5. 触电事故应急处置**

（1）应通过关闭插座开关或拔除插头截断电源。当无法关闭插座开关时，可直接关闭总开关。切勿试图关闭该件电器用具的开关，避免因电器开关漏电而发生触电事故。

（2）若无法关闭开关，可站在绝缘物上，如一叠厚报纸、塑料布、木板之类，用扫帚或木椅等将伤者拨离电源，或用绳子、裤子或任何干布条绕过伤者腋下或腿部，把伤者拖离电源。切勿用手触及伤者，也不要用潮湿的工具或金属物质把伤者拨开，也不要使用潮湿的物件拖动伤者。

（3）如果患者停止呼吸，应开始人工呼吸和胸外心脏按压。切记不能给触电的人注射强心针。若伤者昏迷，应将其身体放置成卧式。

（4）若伤者曾经昏迷、身体遭烧伤或感到不适，必须打电话叫救护车，或立即把伤者送到医院急救。

（5）当高空出现触电事故时，应立即截断电源，把伤者抬到附近平坦的地方，立即对伤者进行急救。

（6）现场抢救触电者的原则是迅速、就地、准确、坚持。

迅速——争分夺秒使触电者脱离电源。

就地——必须在现场附近就地抢救，病人有意识后，再就近送医院抢救。从触电时算起，5min以内及时抢救，救生率为90%左右。10min以内抢救，救生率为6.15%，希望甚微。

准确——人工呼吸的动作必须准确。

坚持——只要有百万分之一的希望，就要尽百分之百努力去抢救伤者。

**6. 坍塌事故应急处置**

（1）坍塌事故发生时，应安排专人及时切断有关闸门，并对现场进行声像资料的收集。发生事故后，应立即组织抢险人员在半小时内到达现场。根据具体情况，采取人工和机械相结合的方法对坍塌现场进行处理。抢救中，如遇到坍塌巨物，人工搬运有困难时，可调集大型的吊车进行调运。在接近边坡处时，必须停止机械作业，全部改用人工扒物，防止机械误伤被埋人员。现场抢救时，还要安排专人对边坡、架料进行监护和清理，防止事故扩大。

（2）事故现场周围应设警戒线。

（3）应遵循统一指挥、密切协同的原则。发生坍塌事故后，参战力量多，现场情况复杂，各种力量需在现场总指挥部的统一指挥下，积极配合、密切协同，共同完成救援工作。

（4）应遵循以快制快、行动果断的原则。鉴于坍塌事故有突发性，在短时间内不易处理，处置行动必须做到接警调度快、到达快、准备快、疏散救人快，达到以快制快的目的。

（5）应遵循讲究科学、稳妥可靠的原则。解决坍塌事故要讲科学，避免因急躁行动而引发连续坍塌事故。

（6）应遵循救人第一的原则。当现场遇有人员受到威胁时，首要任务是抢救人员。

（7）抢救伤员时，应立即与急救中心和医院联系，请求医院出动急救车辆，并做好急救准备，确保伤员及时得到医治。

（8）在事故现场及救助行动中，安排人员同时做好事故调查取证工作，以利于处理事故，防止证据遗失。

（9）应做好自我保护，在救助行动中，抢救机械设备和救助人员应严格执行安全操作规程，配齐安全设施和防护工具，加强自我保护，确保抢救行动过程中的人身和财产安全。

**7. 车辆火灾事故应急处置**

（1）车辆发生火灾事故后，应立即组织人员灭火，在有条件允许的情况下卸下车上货物。

（2）疏通事发现场道路，保证救援工作顺利进行，疏散人群至安全地带。

（3）在急救过程中，如遇到威胁人身安全的情况，应首先确保人身安全，迅速组织相关人员脱离危险区域或场所后，再采取急救措施。

（4）为防止车辆爆炸，项目人员除自救外，还应向社会专业救援队伍求援，尽快扑灭火情。

（5）定期检查、维修车辆，检查车辆上灭火器的配备情况，保证良好的车况是防止车辆发生火灾的最好措施。

（6）夏季天气炎热，车内温度高，为防止车辆发生自燃，应尽量将车辆停在阴凉处，或定时对车辆洒水降温。

**8. 重大交通事故应急处置**

（1）发生事故后，应迅速拨打急救电话，并通知交警。

（2）项目在接到报警后，应立即组织队伍自救，迅速将伤者送往附近医院，并派人保护现场。

（3）协助交警疏通事发现场道路，保证救援工作顺利进行，疏散人群至安全地带。

（4）做好事故所涉及人员的安抚、善后工作。

**9. 机械伤害事故应急处置**

应立即召集应急小组成员，分析现场事故情况，明确救援步骤、所需设备、设施及人员，按照策划、分工实施救援。需要救援车辆时，应安排专人接车，引领救援车辆迅速施救。

1）塔式起重机出现事故征兆时的应急措施

①塔式起重机基础下沉、倾斜时，应立即停止作业，并将回转机构锁住，限制其转动。根据情况设置地锚，控制塔式起重机的倾斜。

②塔式起重机平衡臂、起重臂折臂时，塔式起重机不能做任何动作。按照抢险方案，根据情况采用焊接等手段，将塔式起重机结构加固，或用连接方法将塔式起重机结构与其他物体连接，防止塔式起重机倾翻或在拆除过程中发生其他意外。用2～3台适量吨位的起重机，一台锁发生事故塔式起重机的起重臂，另一台锁平衡臂。其中一台在拆臂时起平衡力矩的作用，防止因力的突然变化而造成倾翻。按抢险方案规定的顺序，将起重臂或平衡臂连接件中变形的连接件取下，用气焊割开，用起重机将臂杆取下。按正常的拆塔程序将塔式起重机拆除，遇到变形的结构，可用气焊割开。

③塔式起重机倾翻时，应采取焊接、连接的方法，在不破坏失稳受力情况下增加平衡力矩，控制险情发展。按照抢险方案，选用适量吨位的起重机将塔式起重机拆除，对于变形部件，可用气焊割开或调整。

④锚固系统发生险情时，应将塔式平衡臂对应到建筑物，转臂过程要平稳并锁紧。将塔式起重机锚固系统加固。如需更换锚固系统部件，先将塔机降至规定高度后，再行更换部件。

⑤塔身结构变形、断裂、开焊时，应将塔式平衡臂对应到变形部位，转臂

过程要平稳并锁紧。根据情况采用焊接等手段，将塔式起重机结构变形或断裂、开焊部位加固。落塔更换损坏结构。

2）小型机械设备事故应急措施

①发生各种机械伤害时，应先切断电源，再根据伤害部位和伤害性质进行处理。

②根据现场人员被伤害的程度，一边通知急救医院，一边对轻伤人员进行现场救护。

③对于不明伤害部位和伤害程度的重伤者，不要盲目进行抢救，以免引起更严重的伤害。

3）机械伤害事故引起人员伤亡的处置

①迅速确定事故发生的准确位置、可能波及的范围、设备损坏的程度、人员伤亡等情况，以根据不同情况进行处置。

②划出事故特定区域，未经允许，非救援人员不得进入特定区域。迅速核实塔式起重机上的作业人数，如有人员被压在倒塌的设备下面，要立即采取可靠措施加固四周，然后拆除或切割压住伤者的杆件，将伤员移出。

③抢救受伤人员时，如确认人员已死亡，立即保护现场；如发生人员昏迷、伤及内脏、骨折及大量失血，立即联系120、999急救车或距现场最近的医院，并说明伤情。为取得最佳抢救效果，还可根据伤情联系专科医院。如有人员出现外伤大出血，在急救车未到前，现场先采取止血措施。如有人员骨折，注意搬动时对伤员的保护，对昏迷、可能伤及脊椎、内脏或伤情不详者，一律用担架或平板移动，不得一人抬肩、一人抬腿。对于一般性外伤，应视伤情把伤员送往医院，防止破伤风。如为轻微内伤，应立即把伤员送医院检查。制订救援措施时，一定要考虑所采取措施的安全性和可能存在的风险，经评价，确认安全无误后，再实施救援，避免因采取措施不当而引发新的伤害或损失。

### 11.2.2 应急救援

**1. 生产安全事故应急救援工作小组**

（1）应急救援工作小组应组织检查各施工现场及其他生产部门的安全隐患，落实各项安全生产责任制，贯彻执行各项安全防范措施及各种安全管理制度。

（2）进行教育培训，使小组成员掌握应急救援的基本常识，同时具备安全生产管理相应的素质水平，小组成员应定期对职工进行安全生产教育，提高职工的安全生产技能和安全生产素质。

（3）审核公司总承包实施方案、安全生产管理办法、生产安全应急救援预案以及安全管理工作的实施情况，包含以下主要内容：评价施工单位安全生产组织机构是否完善；评价施工单位安全技术措施的编制及实施情况，评价施工单位是否确定企业和现场的安全防范和应急救援重点，能否有针对性地进行检查、验收、监控和危险预测。

**2. 组织机构**

（1）公司生产安全事故应急救援工作小组见表11.2-1。

公司生产安全事故应急救援工作小组　　　　　　　　表11.2-1

| 负责人及部门 | 职务 | 工作职责 | 备注 |
|---|---|---|---|
| 公司高层领导 | 组长 | 主持应急救援全面工作 | |
| 公司高层领导 | 常务副组长兼事故调查组组长 | 应急救援总指挥工作 | |
| 公司高层领导 | 副组长 | 应急救援总协调工作 | |
| 公司高层领导 | 副组长 | 应急救援实施工作，主持总包项目部配合施工单位项目部，开展安全应急救援工作，并代表公司负责项目事故内部调查工作 | |
| 公司领导 | 组长助理 | 应急救援的对外联系工作（包括媒体、各政府部门） | |
| 各总承包项目部项目经理 | 项目经理/项目执行经理 | 平时协助副组长定期对项目进行安全检查，如有需要，配合现场应急救援工作 | |
| 项目部安全生产管理人员 | 项目现场实施工作成员 | 现场应急救援工作的实施 | |

（2）施工现场生产安全应急救援小组见表11.2-2。

项目部生产安全事故应急救援工作小组　　　　　　　　表11.2-2

| 负责人姓名 | 工作职责 | 备注 |
|---|---|---|
| 项目经理 | 主持施工现场全面工作 | |
| 技术负责人 | 负责组织应急救援的协调、指挥工作 | |
| 安全员 | 负责应急救援实施工作 | |
| 技术员、质检员、材料员等 | 参与应急救援实施工作 | |

（3）事故应急救援程序见图11.2-1。

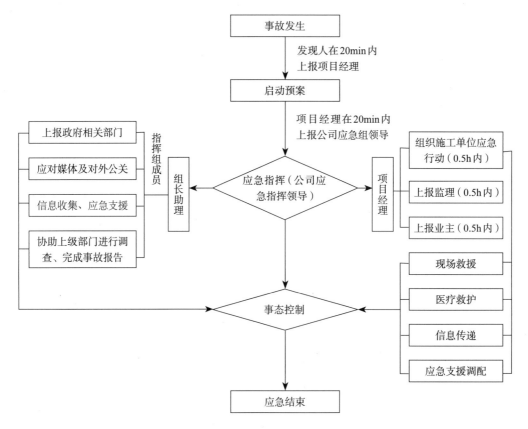

图 11.2-1　事故应急救援程序

## 11.3 安全管理要点

### 11.3.1 项目部安全生产管理一般要求

（1）项目部应针对项目施工特点，制订安全管理工作计划，建立安全生产分级责任制，对人的不安全行为、物的不安全状态、作业环境的不利因素和管理缺陷进行有效的安全控制；

（2）项目部应健全安全生产体系和安全生产的预防措施。落实安全生产制度，做好安全生产检查记录，有效执行安全生产规章制度，落实管理措施；

（3）项目部要监督审核施工单位的有关安全措施、安全制度是否合理；

（4）发生安全事故后，应按有关规定及时向上级报告，并启动应急处理预案。

### 11.3.2 项目部内部管理

（1）项目组成员应做好事前控制措施，学习国家有关安全技术的规范和公司各项管理规定，认真参与设计图、施工图图纸会审，防止因设计不合理或文件遗漏而导致的安全生产隐患；根据工程项目的规模、特点，对施工单位的施工组织设计或施工方案相关安全技术方案、措施的有效性、程序性、合理性、指导性进行全面审查，确保技术措施对安全生产隐患的预防工作全面、具体、有效；

（2）现场巡视时，要正确佩戴安全帽及其他个人防护用品，不违规着装，不得吸烟；

（3）项目执行经理应在项目组成立后、现场开工前进行项目开工前检查，针对准备不足之处进行补充、完善，并上报公司领导，然后在两周内完成整改复检，上报公司质量安全部；

（4）安全管理工程师应在项目开工前，针对施工单位项目部建设筹备管理情况和施工现场实际情况，制订相应的项目安全管理监督策划方案；

（5）项目组成员要定期检查消防设备，确保其安全、可靠、有效；

（6）项目执行经理在发生事故后，应迅速组织项目组及协助施工单位相关人员开展伤员抢救工作，积极指导现场紧急救护，防止险情扩大，保护事故现场。并依据公司相关制度规定逐级上报，妥善自救，维护企业的良好形象。

### 11.3.3 项目部安全管理工作计划与实施

（1）项目部应在项目开工前，结合项目特点编制项目安全管理工作计划，明确安全生产目标，并经质量安全部审批后签字确认；

（2）项目部安全管理工作计划应包括项目概况、控制目标、组织结构、职责权限、规章制度、资源配置、安全措施、检查考核、奖惩制度等；

（3）在施工项目开始前，应举行安全生产工作会，审查施工单位是否编制有针对性、可操作的项目安全管理方案（项目安全策划）、安全实施细则。分析并列出施工过程中各个阶段及分部、分项存在的主要危险源的具体部位及监控点，并研究对危险源的控制策略；

（4）对结构复杂技术、难度大的分部工程、分项工程、水上水下工程、安全用电以及爆破等高危施工作业，应鉴定过程能力，并对施工单位管理人员和操作人员的安全资格和身体状况进行审核，合格人员方可上岗作业；

（5）审核施工单位安全生产技术措施时，应对重点部位进行重点防范，包括防汛、防洪、防火、防爆、防尘、防触电、防雷击、防塌方、防有害气体窒息、防物体打击、防机械伤害、防高处坠落、防交通事故、防寒、防暑、防疫等；

（6）项目执行经理必须严格贯彻执行安全生产方针政策和各项规章制度，严格考核，严肃奖惩；

（7）项目执行经理应严格执行项目安全管理工作计划，确保项目安全管理工作落实到位；

（8）项目部应对围绕安全生产所进行的各种会议、检查、隐患整改、教育、技术交底、事故处理等做好记录。

### 11.3.4 现场安全生产管理

项目部应建立以项目执行经理为直接责任人的安全生产责任制，对项目关键岗位的安全生产职责进行明确规定：

（1）贯彻执行安全生产方针、政策、法规、条例及公司安全管理规定；

（2）开展安全生产管理工作；

（3）负责制订项目部的各项安全生产制度；

（4）做好项目安全生产的宣传教育和管理工作，总结、交流、推广先进经验；

（5）深入项目基层，指导施工单位的工作，掌握安全生产情况，调查研究生产中的不安全问题，提出改进意见和措施；

（6）组织项目安全活动和定期安全检查；

（7）审查施工单位编制的安全实施规划、安全实施细则，并对上述文件的贯彻执行情况进行监督检查；

（8）对安全防护设施及防护用品进行归口管理和检查；

（9）与有关部门共同做好对职工的安全技术培训、考核工作；

（10）督促项目施工单位及时制止违章指挥和违章作业，遇到严重险情时，有权暂停生产，并及时报告公司或上级主管部门；

（11）进行工伤事故统计、分析和报告，参加工伤事故的调查和处理；

（12）督促建设单位履行《建设工程安全生产管理条例》及法规规定的安全职责；

（13）审查施工单位现场安全制度和安全体系；

（14）组织项目安全文明施工检查，督促有问题之处的整改、验收；

（15）审查施工单位对三级安全教育工作的落实情况；

（16）审查施工单位、分包单位的资质证书及安全生产许可证；

（17）审查施工项目执行经理、安全人员、特种作业人员的上岗证；

（18）编制项目重要部位的应急预案，审查施工单位项目的事故应急救援预案、应急救援体系，做好重大危险源管理和登记工作；

（19）及时、如实地向公司报告安全生产情况。

### 11.3.5　安全生产检查和隐患整改

（1）项目部应依照经审批的安全管理工作计划，定期对执行情况进行检查考评，检验措施、计划的实施效果，通过检查了解安全生产状态，及时发现施工中的不安全行为和事故隐患，分析原因，采取措施，及时整改；

（2）安全检查应依照住房和城乡建设部《建筑施工安全检查标准》、上级安全生产管理检查标准以及公司的规章制度进行检查，检查内容应包括分级责任制、安全技术交底、安全记录、安全教育、安全措施、安全标识、安全操作、持证上岗、违章违规处理等；

（3）进行安全生产检查时，应检查现场管理人员和操作人员的作业指挥和作业行为，检查安全施工措施的执行情况，总结讲评，提高安全生产素质；

（4）检查人员应实事求是地记录安全生产检查的结果，如实反映隐患部位、危险程度，定性和定量地分析原因，及时制订整改措施和方案，限期限时组织整改。

### 11.3.6　安全会议

（1）安全生产例会：项目执行经理每周应定期召开工程例会，对施工单位检查中发现的安全隐患及重大危险源监控措施做出评定，提出整改要求；

（2）安全专项会议：当与施工单位出现安全专项整改意见争议，或施工现场出现危急安全隐患、事故时，应紧急召开安全专项会议，就安全整改争议或安全隐患、事故处理做专项讨论，确定争议结论，明确补救善后措施，编写安全专项会议纪要并存档。

### 11.3.7 安全生产技术资料管理

（1）施工组织设计或施工方案、专项施工方案应完整齐全；

（2）安全生产保证体系运行记录翔实，安全生产技术保证措施计划及安全生产技术保证措施交底书完整齐全；

（3）现场安全用电施工组织设计完整齐全；

（4）危险源识别与评价资料完整；

（5）安全生产会议、安全生产检查、事故隐患整改、事故调查分析及处理的相关资料完整齐全；

（6）各分包单位的资质、人员资格等报审材料完整；

（7）自行指定的安全生产设施，设备安装与使用的操作规程，以及设计图纸、计算书等资料完整齐全；

（8）塔式起重机、施工升降机等大型设备设施合格证明材料、备案资料完整齐全；

（9）如采用新工艺、新材料、新设备，其安全技术交底、安全操作规程等技术资料完整齐全。

### 11.3.8 安全生产费用

（1）项目部要跟踪、检查、评价施工单位安全文明措施费的使用情况；

（2）项目部要为项目安全生产管理创造一个良好的工作环境，项目部统一向公司申请采购安全帽、劳保用品、工作服等，申请组织项目安全生产管理人员的培训费用，具体按项目部安全费用预算执行，确保项目安全生产管理费用使用到位，使用合理，保证项目生产秩序正常有效运转。

# 第12章 项目实施过程文件综合管理

## 12.1 项目文件管理制度

### 12.1.1 管理机构及职责

**1. 在项目上负责工程项目资料管理**

（1）工程项目的所有图纸的接收、清点、登记、发放、归档、管理工作；

（2）收集整理施工过程中所有技术变更、洽商记录、会议纪要等资料并归档。

**2. 参加分部分项工程的验收工作**

（1）负责备案资料的填写、会签、整理、报送、归档；

（2）监督检查施工单位施工资料的编制、管理，做到完整、及时，与工程进度同步，并按时向公司档案室移交；

（3）负责向市城建档案馆移交档案的工作；

（4）指导工程技术人员保管施工技术资料（包括设备进场开箱资料）。

**3. 负责计划、统计的管理工作**

（1）负责对施工部位、进度完成情况的汇总、申报，按月编制施工统计报表。

（2）负责与项目有关的各类合同的档案管理。

### 12.1.2 文件管理要点

项目实施过程中会有大量来往文件，所以过程中的文件管控是质保体系中的重要环节。做完本医院项目后，编者也积累了一些关于文件管理的想法，简而言之要满足以下四个要点。

**1. 追溯性**

①所有文件必须要有编号，编号就是文件的身份证。

②所有的编号都要有规则，这个规则要通过程序文件表示出来，并进行分发。

③对于所有文件，必须及时登记收发记录，做到有据可查，可追溯重要的信息。

**2. 统一性**

所有文件都要有文件模版，确保同类文件的一些基本要素是一致的，比如封面、标题、内容要素、格式、编审批等。文件的模板应采用公司统一模板。

**3. 及时性**

在收到所有文件时，应第一时间向有关单位进行发放，做到及时共享信息。

**4. 分类管理**

应合理划分文件类别，各个文件类别各入各库位，按时间顺序贴上标签，一定要便于查询。例如，来往函件、图纸按专业版本号分类；按资料目录的顺序，对建筑施工图、电气施工图、暖通施工图、结构施工图等进行归类存档。

### 12.1.3 文件管理工作流程

文件管理应随施工进度及时调整，按专业系统归类。在项目实施过程中，各类函件、联系单应进行标准化管理，根据本项目整理出的一般文件管理的流程示意图如图12.1-1所示。

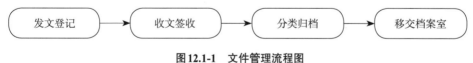

**图12.1-1 文件管理流程图**

## 12.2 施工文件管理

### 12.2.1 施工方文件管理

本项目的施工技术文件主要是按相关规定由施工总承包方填报，在施工过程中形成的全部施工资料。施工方根据国家和广西现行的资料管理相关标准，在"品茗"软件上进行统一填写、导出。该软件针对施工现场的技术资料编制、管理和研发完全符合国家现行《建筑工程施工质量验收统一标准》(GB 50300—2013)和各省(自治区、直辖市)建筑工程统一用表的要求。

根据资料管理框架体系,项目部建立工程资料总目录、工程资料分项目录等,以单位工程、施工部位等分类别装盒归档。

### 12.2.2 分包方文件管理

施工总承包单位除了对施工技术文件进行管理,还应针对分包方单位文件进行管理。要求各分包单位按照工程建设进度进行文件整理,及时向施工总承包单位进行上交归档。要求分包单位按照南宁市地方标准及建设工程质量验收系列标准中的表格文件填写,并对分包单位提交的文件资料进行审核,确保其资料按专业系统归类、填写认真、目录种类齐全、内容真实可靠。

要求分包商做到以下管理规定:

(1)必须设立专职的资料员,专门负责资料的收集、整理、报送、审批、归档。

(2)分包单位必须严格按照总承包单位规定的程序报送与接收文件资料,如有擅自将施工文件交与他人的行为,由此造成的一切后果由分包单位自行负责。接收和报送程序规定如下:①建设单位及监理单位下发的各类文件资料由总承包单位资料员进行登记留底后,交总承包单位经理签发至有关分包单位。②对于建设单位及监理直接交给各专业分包单位的各类文件、资料,各专业分包单位在收到文件、资料之后1d内必须到总承包单位资料室登记。③各专业分包单位报送建设单位或监理单位的各类文件,如设计变更、报告、洽商、申请、签证、工程联系单等,均应由总承包单位专业工程师签字,并经项目经理审阅,经总承包单位资料员登记存档后报送有关单位和部门,否则总承包单位对此类文件不予承认。

(3)总承包单位对分包单位的管理要求,以及对分包单位上报意见的回复、会议通知、会议纪要等,将以工程通知单形式下达各分包单位,分包单位必须根据要求及时处理,并将处理结果向总承包单位汇报。

(4)分包单位需上报的资料包括承包合同、材料及设备报验单、分部和分项工程报验单,施工组织设计、施工方案,施工总进度计划、月进度计划、周进度计划，以及依据南宁市有关规定和建设单位、监理工程师要求上报的有关资料。

（5）分包单位收集整理有关工程竣工资料，总承包单位将不定期对资料进行抽查和考证、考评，对于不合格的资料，分包单位应及时整改。在工程竣工前，分包单位应根据总承包单位的要求提供符合归档要求的竣工资料，由总承包单位移交到城建档案馆。

（6）资料编目应按照时间先后顺序和特性进行排列、编目，做到合理、完整、易查。

## 12.3 图纸文件管理

### 12.3.1 图纸文件的分类及内容

本项目设计任务分为三个阶段，即方案设计阶段、初步设计阶段、施工图设计阶段，包含建筑、结构、给水排水、电气、智能化、暖通以及精装修和特殊区域装修专业，专业复杂，图纸内容繁多。涉及分类的图纸主要有以下几个专业：建筑专业施工图、结构专业施工图、给水排水专业施工图、电气专业施工图、智能专业施工图、暖通专业施工图、装饰装修施工图。

由于本项目采取的是EPC总承包管理模式，为了满足工期，采用了一边设计一边施工的方式，校准时间较短，难免会有设计不妥之处，导致后期进行设计优化，因此施工图版本较多。本项目施工图分别有两版，应当将施工图分为过程图纸以及最终版图纸，应妥善保管过程图，以便遇到图纸纠纷时可追溯问题源头。

### 12.3.2 图纸文件管理要点

面对工程复杂、时间紧迫、图纸量庞大的工程项目，如何才能更高效、更便捷地管理图纸呢？根据本项目的管理经验，编者总结出以下几点心得。

#### 1. 版本区分

项目开始前期，结合施工现场有大量调整变更，图纸版本会比较多，新图与旧图互相纠缠，不利于准确查找，合理建立按版本保存的管理方法，会对后期报建报批、查找图纸产生事半功倍的作用。

### 2. 专业区分

将各专业施工图按时间顺序同专业的图纸归类保存，在盒子上标明收到时间、专业、份数等信息，以便查阅。

### 3. 图纸台账

项目部在接收、分发图纸时，应把图纸信息登记在册，如时间、专业、份数、章类型（出图章、审图章、竣工图章等）、发放人等重要信息形成台账，图纸收发情况即可一目了然。

### 4. 储存空间

如何存放整理好的文件？如果没有一间专用的资料室存放图纸，则无法高效地进行图纸管理。因为如果没有足够的空间分区保存分好类的图纸，在拥挤的房间里进行堆放，经过几次翻阅之后，整理好的文件有可能因乱摆乱放而无法查找了。

## 12.4 报建文件管理

### 12.4.1 报建文件的分类及内容

由于项目工期紧、任务重，各单体开工时间不一，项目采用单体（门诊住院综合楼、后勤行政楼、高压氧舱）报批报建及申请快速办理业务等灵活方式申办报建手续，节约了大量时间。在进行多项报建手续的过程中，需加强与所涉及各部门的沟通，以快速获取报建成果。本项目获取的报建成果文件主要分为设计报建成果文件和施工报建成果文件。设计报建成果文件主要有总平面图批复、方案设计批复、人防设计条件批复、海绵城市设计批复、初步设计批复等。

施工报建成果文件主要有人防施工图备案、门诊住院综合楼、后勤行政楼、高压氧舱施工许可证、门诊住院综合楼、后勤行政楼、高压氧舱工程规划许可证等。除主要报建成果文件外，还获取到报建成果办理过程中产生的近百种各种手续的资料，所有报建成果均需做好登记与保存。

### 12.4.2 报建文件管理要点

本项目采取EPC总承包管理模式，除了建设单位前期办好的报建手续，其他剩余报建工作由总承包联合体牵头人负责。项目部需设立以专门进行报建管理的报建专员为主导，以设计管理岗、施工管理岗工程师辅助的管理模式，在项目初期编制报建进度计划，根据报建进度计划与现场实际情况做好与各方进行协调收集报建所需各种文件的工作。取得某一项报建成果时，应及时将扫描件传阅各方，将原件及时交予项目秘书保管。对于由牵头方办理完成的报建成果，暂时由总承包牵头人保管，在竣工验收时做好签收记录，统一交予建设单位。

报建人员向项目秘书移交成果文件时，需填写内部文件移交登记表，明确时间、地点、移交人、接收人，确保文件去向清晰，避免遗失。报建成果需留在项目部妥善保管，如需外借，应做好借出登记，并要求对方签收。已取得的报建成果应形成扫描件，分享至参建各方内部群，以便各方下载使用。

## 12.5 综合文件管理

### 12.5.1 日报周报月报

日报用于汇总每天的施工情况，是每天工作情况的总结，也是公司领导了解项目进展的重要文件，因此当天日报需重点反应现场施工进度、安全生产情况、存在的问题、现场问题处理情况等，并上传最新的施工照片。日报需在当日上传至企业邮箱。

周报是指本周工作的汇总，同时也要将下周工作计划罗列出来，由联合体双方进行编制，在每周监理例会上向参建各方进行汇报，同时按时进行归档保存，并上传企业邮箱。

月报是将整个月所遇到的问题、解决方案、施工进度进行汇总，同时将下个月大方向的工作计划罗列出来。在本项目中，每月3号之前上传上月月报至企业邮箱。

### 12.5.2 会议纪要

会议纪要是指用于记载、传达会议情况和议定事项的法定公文。会议纪要与会议记录不同，会议记录只是一种客观的纪实材料，用于记录每个人的发言；而会议纪要则可集中、综合地反映会议的主要议定事项，起具体指导和规范的作用。

会议纪要包括总承包会议纪要、监理会议纪要、设计协调会议纪要等类型，会议纪要主要包括以下内容：

（1）时间、地点、人员；

（2）主题、正文；

（3）签到表。

其目的是记录好参会各方在专题会上对某个具体问题达成的一致意见、方案做法，定下具体的时间节点，从而让参会各方去遵循的文件。会议纪要拟好后，经各方传阅无异议后，应在取得参会各方印章或者签字后，形成正式的文件，签发各方存档。

记录、归档会议纪要的意义在于如在施工过程真遇到争议，需要变更签证时，会议纪要可作为有利依据追究相关责任。会议纪要的管理，主要是将各类型整理归档，按种类时间归类，贴上标签后统一放置在文件盒里即可。

### 12.5.3 监理工作联系函及回复

在联合体中，华蓝设计扮演着设计牵头方的角色，对施工现场的质量安全问题承担连带责任，应重视由监理单位组织的各种安全生产活动。对于监理联系函、监理整改通知单，应严格按照规范要求督促施工单位进行整改，并注明整改时间及整改后的影像资料。同时将整改回复单收录，使监理整改通知单和施工单位整改回复单相对应，形成资料闭环。

### 12.5.4 现场图片及影像资料

现场图片及影像资料可用于提高现场工程师管理的工作质量，加强对现场分包商、供应商的管理。为项目管理过程中重大事件的回溯、后期检视工作以及索赔与反索赔提供有利依据。作为工程管理案例与知识库的原始素材，应形成合理、全面的影像资料归档系统。在摄像过程中，应在手机软件上采用"水印相机"等有水印功能的摄影软件，保留拍摄地点、时间等重要因素及原图，现场图片及影像资料主要有以下五种类型。

**1. 工程进度类**

（1）结合施工进度计划中的关键施工节点，对单位工程、分部分项形象进度进行整体与局部细节的拍摄。其拍摄内容与清晰度必须满足工作计划控制、合同支付条件、与关键施工节点的技术要求。

（2）现场工程师对工地日常巡检时，应对负责的施工片区进行拍摄。其拍摄主题应符合本专业近期的工作任务，或需其他关联专业配合与协作的内容。

**2. 工程安全及文明施工类**

（1）主要针对现场发生的安全违规事项、对人对物的损害事件、现场安全隐患以及现场文明施工的实施进程进行拍摄、记录。

（2）对于违规违法现象，必须拍摄记录处置措施完成前后现场的实际情况。

**3. 签证或索赔类**

（1）当工程施工过程中出现有潜在索赔倾向，或签证事件已经触发时，应及时对现场情况进行拍摄。

（2）所拍摄的内容与清晰度必须足以成为日后索赔的依据，相应照片中必须含有日期戳记。

**4. 工程质量类**

应对现场质量差、不合格、不符合设计要求以及不按图施工的部位进行拍摄记录，并配以文字说明，以督促施工单位进行整改。

**5. 领导视察类**

需用专业摄像机进行拍摄，其拍摄内容与清晰度要高，且形象端正，以便用于公司宣传使用。

对于影像资料的管理和存放，每日应把资料汇总在一名专门归档负责人手中，负责人将原始图片进行归档，并存放于移动硬盘中，待工程结束后移交至公司项目管理部。

## 12.6 竣工移交档案馆资料管理

### 12.6.1 竣工移交档案馆资料的分类及内容

工程竣工验收后按照南宁市城建档案馆档案移交目录的要求进行资料整理与移交，项目需向档案馆移交如下资料：

**1. 前期文件**

1）立项文件

①项目立项批复及项目登记备案证。

②可行性研究报告批复文件及可行性研究报告。

③专家论证意见、领导批示。

2）建设用地、拆迁文件

①建设用地批准书或土地使用证明文件及其附件（复印件）。

②建设用地规划许可证及其附件（复印件）。

3）勘察、设计文件

①工程地质勘察报告。

②人防、消防、环保、防雷等主管部门对设计方案的审查意见。

③施工图设计文件审查意见。

④节能设计备案文件（含计算书）。

4）招标投标文件

①勘察合同、设计合同、施工合同、监理合同（含分包合同或协议）。

②中标通知书、发承包审核通知书。

5）开工审批文件

①建设工程规划许可证及其附件（复印件）。

②已批准的规划总平面图（复印件）。

③建设工程施工许可证（复印件）。

6）工程建设基本信息

①工程概况信息表。

②建设单位工程项目负责人及现场管理人员名册。

③监理单位工程项目总监及监理人员名册。

④施工单位工程项目经理及质量管理人员名册。

⑤参建五方项目负责人质量终身责任信息档案，即建设单位、勘察单位、设计单位、监理单位、施工单位项目负责人工程质量终身责任承诺书及信息变更表。

**2. 监理文件**

1）监理管理文件

①监理规划。

②监理实施细则。

③监理工作总结。

2）质量控制文件

质量事故报告及处理资料。

**3. 施工文件**

1）施工管理文件

①建设单位质量事故勘察记录。

②建设工程质量事故报告书。

③施工合同审查表。

④施工现场质量管理检查记录表。

2）施工技术文件

①图纸会审记录。

②设计变更通知单。

③工程洽商记录。

④施工组织设计及重要施工方案。

3）进度控制文件

①工程开工报审表、开工令。

②工程复工报审表、复工申请。

③工程延期报审表、延期申请。

4）施工物资进场复检报告

钢筋、水泥、砂石等主材试验报告等（含汇总表）。

5）施工试验记录及检测文件

①地基承载力检测报告。

②桩基检测报告。

③土工检测报告。

④回填土检测报告。

⑤砂浆检测报告等。

6）施工质量文件

①分部（子分部）工程质量验收记录。

②分部（子分部）工程质量验收报告。

③建筑节能部分分部分项质量验收记录。

7）施工验收文件

①单位（子单位）工程竣工预验收报验表。

②单位（子单位）工程竣工预验收记录表。

③单位（子单位）工程质量控制资料核查记录。

④单位（子单位）工程安全和功能检验资料核查及主要功能抽查记录。

⑤单位（子单位）工程观感质量检查记录。

**4. 竣工图**

（1）建筑专业竣工图。

（2）结构专业竣工图。

（3）给水排水及供暖专业竣工图。

（4）电气专业竣工图。

（5）幕墙专业竣工图。

（6）智能专业竣工图。

（7）通风与空调专业竣工图。

（8）室外工程专业竣工图。

（9）室外给水排水、供热供电、照明管线等竣工图。

**5. 工程竣工验收文件**

（1）勘察单位勘察报告文件及实施情况检查报告。

（2）设计单位设计文件及实施检查情况报告。

（3）施工单位竣工报告。

（4）监理单位工程质量评价报告。

（5）工程竣工验收报告。

（6）建设工程质量竣工验收意见。

（7）工程竣工验收会议纪要。

（8）专家组竣工验收意见。

（9）消防、环保、人防、防雷等部门出具的认可文件或使用文件。

（10）质量保证书。

（11）建设工程竣工验收备案表。

**6. 工程电子档案**

将所需工程电子档案刻录至光盘，工程电子档案需与提交的纸质版档案一致，统一提交档案馆。

### 12.6.2 竣工移交档案馆资料管理要点

根据《建设工程文件归档规范》（GB/T 50328—2014）要求，工程竣工3个月后，应向当地城建档案馆提交一套符合规定的工程档案，根据本工程情况，编者总结出以下几点关于工程档案移交的注意事项。

（1）对于列入城建档案馆（室）档案接收范围的工程，建设单位应在组织工程竣工验收前，提请城建档案管理机构对工程档案进行预验收。建设单位未取得城建档案管理机构出具的认可文件时，不得组织工程竣工验收。

（2）在向城建档案管理部门移交工程档案时，应确保满足以下几点要求：工程档案齐全、系统、完整；工程档案的内容真实、准确地反映工程建设活动和工程实际状况；工程档案已整理立卷，立卷符合本规范的规定；竣工图绘制方法、图式及规格等符合专业技术要求，图面整洁，盖有竣工图章；文件的形成、来源符合实际，要求单位或个人签章的文件，其签章手续完备；文件材质、幅面、书写、绘图、用墨、托裱等符合要求。

（3）建设单位向城建档案馆（室）移交工程档案时，应办理移交手续，填写移交目录，双方签字、盖章后进行交接。

# 第13章 信息技术（BIM）应用管理

## 13.1 BIM背景

"十三五"规划期间，工业信息化建设是行业发展的重点工作之一。实现BIM技术，从设计阶段向施工阶段的应用延伸，是中国建筑行业"十三五"规划期间以及未来更长一段时间的战略定位。BIM技术的优势日益凸显，正如中国勘察设计协会秘书长王子牛所总结的，BIM的宗旨就是最大程度地支持多方、多人利用数据库实现信息共享、节约资源、团队作业，以满足业内用户充分利用现有软硬件资源的实际需求，以尽可能低的更换成本，实现对可视化的三维协同设计技术的转换，为各方带来更大的价值。

## 13.2 BIM的概念

建筑信息模型（BIM）即通过三维参数化设计软件，将建筑内全部构件、系统赋予相互关联的参数信息，并直观地以三维可视化的形式进行设计、修改、分析，并形成可用于方案设计、建造施工、运营管理等建筑全生命周期所参考的文件。BIM技术的核心是计算机三维模型所形成的数据库，这些数据信息在建筑全过程中动态变化调整，通过及时准确地调用系统数据库中的各种数据，加快决策进度，提高决策质量，从而提高项目质量，降低项目成本。

## 13.3 BIM的价值

BIM技术在我国京津冀、长三角、珠三角等地区得到快速发展和应用。BIM技术主要应用于规划设计中的方案比选、周边环境分析、管线迁改、设计效果分析、建筑性能模拟、预留孔洞检查、管线碰撞检查、净高分析等，施工过程中的深化设计、统筹模拟、施工工序模拟、工程管理等，竣工交付时的竣工图数字归档、竣工辅助结算等，运维过程中的运维移交、资产管理、移动巡检等。

## 13.4 BIM在广西的应用

在广西BIM技术应用于一些大型重点项目建设中，主要作用是方案比选、检查管线碰撞、施工模拟、工程算量及工程管理等。其中，应用成效较显著的案例是本书涉及的广西国际壮医医院项目，此项目是由华蓝设计（集团）有限公司牵头的EPC工程总承包项目，荣获第八届"创新杯"建筑信息模型（BIM）应用大奖赛"优秀医疗BIM应用奖"及第一届广西"八桂杯"BIM技术应用、第二届"筑梦杯"BIM技术应用大赛、建工杯等三项设计类一等奖。且BIM技术应用于建设项目全过程，既保障了施工质量，又大大缩短了工期。

## 13.5 BIM应用内容和范围

BIM（Building Information Modeling）作为一种集成的全寿命周期管理的建筑信息化工具，为EPC项目实现设计、采购、施工、试运行提供了良好的技术平台和解决思路，改变了传统的项目管理中信息获取和传递路径。BIM的技术特点主要有以下几个方面。

### 1. 信息集成

BIM技术可将需要的信息进行整合，收集所涉及的具体内容和与设计有关的资料，将设计环节进行系统规划。各专业的资料较多，使得模型的构建更加具体和充实，从而达到数据资料一体化形式。

### 2. 可视化

BIM提供了可视化思路，强调看到即得到。让以往只能在图纸上呈现的线条构件以三维的立体图像展示在人们面前。项目的设计、建造、运营过程中的沟通、讨论、决策等都可以在可视化状态下进行。

### 3. 模拟性

BIM技术不只能清楚地表示建筑工程模型，还可以通过三维模型来判断模型的准确性，利用BIM模型结合Phoenics软件和Sketchup软件对建筑进行风环境模拟分析、高度变化分析、夏季日照分析和冬季日照分析。并用Ecotect对各楼层各房间进行采光模拟分析，保证设计的合理性。

### 4. 协同设计

协同就是对信息进行共享、分析以及完善的过程。在完成一个项目的过程中，构建一个链接项目组所有平台的信息平台，并将项目完整的信息数据发布到公共平台上，供所有项目组成员查阅使用。协同设计不仅包括设计各专业之间的协同，还包括设计与施工等各参建企业之间的协同，二维设计与三维设计实现了合理搭配。

### 5. 可出图性

BIM技术不仅可以表达传统的各专业设计图纸及相关构件节点，还可以通过对建筑进行可视化展示、协调、模拟、优化，进而对各专业的三维模型进行合图做碰撞检查，消除相应错误，提高设计质量。

## 13.6　BIM技术的应用点

### 1. BIM技术应用于方案阶段

本阶段的主要目的是为建筑后续设计提供依据及指导性的文件。其主要工作内容如下：根据设计条件，建立设计目标与设计环境的基本关系；提出空间建构设想、创意表达形成及结构方式等初步解决方法和方案。具体应用包括场地分析、建筑性能仿真分析、设计方案比选。

### 2. BIM技术应用于初步设计阶段

本阶段的主要目的是通过深化方案设计，论证工程项目的技术可行性和经济合理性。主要工作内容包括拟定设计原则、设计标准、设计方案和重大技术问题以及基础形式,详细考虑和研究建筑、结构、给水排水、暖通、电气等各专业的设计方案,协调各专业设计的技术矛盾,并合理地确定技术经济指标。具体应用包括构建建筑、结构专业模型;检查建筑结构平面、立面、剖面;统计面积明细表。

**3. BIM技术应用于施工阶段**

本阶段的主要目的是为施工安装、工程预算、设备及构件的安放、制作等提供完整的模型和图纸依据。主要工作内容包括根据已批准的设计方案编制可供施工和安装的设计文件,解决施工中的技术设施、工艺做法、用料等问题。具体应用包括建构各专业模型;进行冲突检测及三维管线综合设计;优化竖向净空;虚拟仿真漫游。

## 13.7 BIM技术在广西国际壮医医院项目中的应用

**1. 项目团队建设**

本项目成立了专门的总承包项目BIM管理部,配备全专业管理人员,项目负责人为BIM负责人。BIM团队由2名教授级高级工程师,4名注册建筑、结构、造价工程师,以及20名中高级以上的专业管理人员组成,对项目全过程进行投资、设计质量及进度控制(图13.7-1)。

**图13.7-1 项目BIM技术全过程应用**

### 2. 制订设计流程，落实交付标准

在项目设计前期，需根据确定的BIM设计软件制订流程计划，并且为不同的软件制订流程标准。主要分为两个层面，第一层面为整体流程，控制设计项目中的不同BIM软件、不同设计团队、客户与设计团队之间的交互关系，还包括主要的信息交换要求。第二个层面是细部流程，在整体流程的基础上，为专业团队制订详细的工作顺序，涵盖项目涉及的所有模型信息和进度要求。

BIM设计的成功与否，还取决于设计团队对BIM信息的交付标准是否合理，因此必须清楚BIM信息的用途并加以规范。例如：给水排水工程中建立一个水泵，水泵中可能包含材质、电气参数、机械参数、外形参数等，给水排水工程师需要将这些信息是否有用或者如何使用加以明确，这些数据在以后使用的可能性都会影响到建模精度，过高或过低地制订BIM信息目标都会对BIM设计带来较大的影响。

### 3. BIM技术应用

本项目通过BIM结合地理信息系统（Geographi Information System，GIS），对场地及拟建的建筑物空间数据进行建模，通过BIM及GIS软件的强大功能，迅速得出令人信服的分析结果（图13.7-2）。将场地高差平整为4个标高的平台，把土方开挖回填量降到最低。在4个标高平台中置入医院前广场、急诊平台、康复花园、物流平台不同的功能。确定合理的场地标高，减少土方开挖量。

本项目用BIM模型进行功能流线设计，合理安排不同部门的位置，便于夜

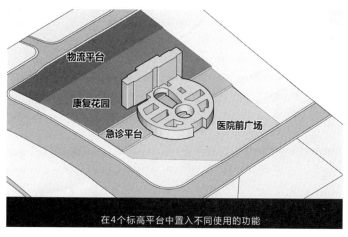

**图13.7-2　场地分析**

间统一关闭停止使用的单元，确保建筑节能、安全、高效（图13.7-3）；根据
功能使用的频率和人流量布置水平与垂直交通，合理安排各种流线，避免流线
交叉，提高工作效率。利用BIM模型结合Phoenics软件和Sketchup软件对建筑
进行了风环境模拟分析、高度变化分析和夏季日照分析、冬季日照分析。并用
Ecotect对住院楼的标准层及单间病房进行采光模拟分析，保证设计合理性。

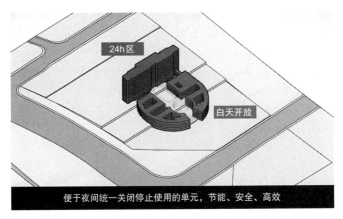

图13.7-3　能耗分析

　　通过应用BIM进行初步的强排分析，找到最高效的布局方式，在此基础上
进行方案推敲设计（图13.7-4、图13.7-5）。采用经典的"王"字形医疗布局作为
基本体量，对体量进行切角处理，以适应场地，引入"壮医大典"设计理念，柔
化建筑形象，植入庭院，创造人性化空间，得到最终的建筑体量。

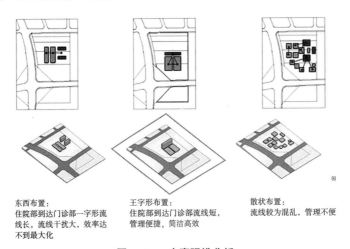

图13.7-4　方案强排分析

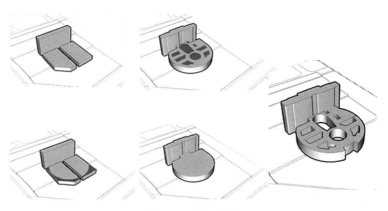

图13.7-5　体块推敲

利用BIM技术来进行一级流程工艺设计（图13.7-6），在医院项目建设阶段，能够提供量化的功能需求，使项目始终能在量化目标的前提下，组织各方面资源，为各个专业提供节约资源的尺度，为节省资源提供量化基础，避免投资的浪费。

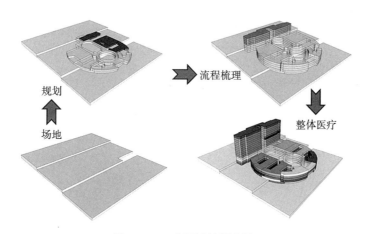

图13.7-6　一级医疗流程分析

利用BIM的可视化特点，在项目初期就改变以往平面化设计理念，以三维模式来引导设计全过程，为医患人员，洁物污物模拟空间流程（图13.7-7），在立体的空间内很好地实现了医患分流、洁污分流，缩短了就诊流线，合理安排了功能，实现了空间组织的顺畅，满足了现代化医院的运营需求。

利用BIM技术以三维模式来模拟房间平面尺度大小和空间高矮，甚至是初步的家具或医疗设备布置，不仅满足医疗人员和设备使用的面积需求，更在三维模式中描述出空间的形状，使医疗人员对建筑空间有了直观概念，可以清晰判断

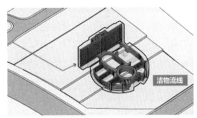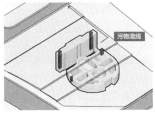

**图13.7-7 洁、污流线分析**

房间的实用性，从而为平面设计提供科学决策，避免因对图纸理解有差异而造成的工程延期、资金浪费。

医疗建筑项目规模大，内部功能复杂，设备管线复杂。进行施工图深度的BIM设计，使得建筑方案更好落地，为下游专业及施工深化提供更广阔的模型平台。在施工图设计工程中，二维设计与BIM三维设计同步进行。利用BIM技术的三维可视化技术，可整合多专业模型辅助二维设计调整及三维设计深化。BIM技术的应用加速推进了项目设计工作，减少了施工返工次数，降低了工程造价。利用BIM技术，可及时反馈在施工图设计中深化调整后的地下室多专业设计，项目场地景观设计，内部多专业模型的三维漫游视频，便于总包方对项目设计方案到施工图阶段的方案进行调整和把控，使得方案设计能更好地落地。

## 13.8 BIM技术应用经验分享

### 1. 有利于投资控制

项目设计阶段的费用虽然只占整个工程成本的1%～3%，设计成果工程造价却占整个项目投资约80%。利用BIM算量快而准的特点，根据成本计划建立目标成本，然后收集信息，并采取措施对项目支出进行严格监督，若发现超出允许范围的成本偏差，及时纠正偏差，使实际成本不断向目标成本接近。

### 2. 有利于质量控制

通过BIM模型可视化及碰撞检查特点，通用简单的设计部分以二维设计提前推进，复杂及关键节点在三维中深入优化。这样可以实现在现有的设计流程中满足现行的规划审查要求及施工要求，同时可以保证设计的深度，降低出错率。

**3. 有利于进度控制**

利用BIM技术的进度控制系统，实现进度计划的动态管理与联动修改。基于WBS编制的进度计划，每项任务都有独一无二的项目编码，这样就可以与3D实体模型的ID以特定规则链接，当出现工程变更时，可以将变更信息联动传递到进度管理系统；当需要修改进度信息时，3D模型信息与资源需求量也会相应发生改变。

**4. 全生命周期的一体化设计过程**

BIM是项目信息和模型的集成，项目所有参与方均可以通过BIM模型中的元素找到该元素的所有信息，而不再用人工从零碎的图纸、报表、明细中去收集信息。BIM的最终目的是实现一个信息只需要由参与方输入一次，后续参与方只需根据需求使用信息即可，降低了发生错误的概率。

对项目中的一点或者一个任务开展BIM设计，没有项目信息交流和任务关联，那就只能是专项BIM设计。而在项目周期里，各个专业均有信息的交流，并且每个BIM任务都是下一个任务的前置条件，这才能称为全过程BIM设计（图13.8-1）。

**图13.8-1　全过程BIM设计**

## 13.9 总结

BIM是大势所趋，随着建筑行业的迅速发展，BIM在行业中也得到越来越多的重视，政府推广力度持续加强，住房和城乡建设部及地方政府相继出台了建筑信息模型（BIM）技术应用的相关要求。主要开发商对BIM技术的研发应用也纳入了日程，并开始尝试对BIM全生命周期的应用，BIM软件公司在这两年中呈爆发性的研发推广。在设计行业中，BIM设计团队大批增加，管理体制日趋完善，大量二维项目使用了BIM技术，全过程的BIM设计项目也逐步增多。

# 第14章 结语

EPC模式以其明显的竞争优势而逐渐成为发达国家工程发包的主流模式；在国内，随着工程总承包政策不断完善，工程总承包业务的开展情况稳中向上。2020年《房屋建筑和市政基础设施项目工程总承包管理办法》的正式实施和《建设工程项目总承包合同（示范文本）》的正式颁布，标志着我国工程总承包的发展开启新篇章。

工程总承包模式有利于实现设计、采购、施工等各阶段工作的深度融合和资源的高效配置，提高工程建设水平；有利于提高工程建设效益，组织统筹管理设计、施工等力量，降低管理成本，有效控制投资，实现工程建设项目利益和价值最大化；有利于提升工程建设质量安全，发挥工程建设责任主体单一和技术管理优势，降低工程风险，确保工程建设质量安全和效益。对于建设医疗建筑类投资规模大、技术含量高、工程建设复杂、工期要求紧、施工风险高的项目采用EPC工程总承包模式，有着传统建设模式无法比拟的天然优势。

为更好推进工程总承包模式实施，切实发挥一体化管理优势，行业企业要积极响应政策号召推行"双资质"企业的"独立投标"。政府应推动工程总承包模式的发展内核-总价合同实施，提升总承包单位的内在融合动力；完善监管体系，敦促行业良性发展。工程总承包单位应适应市场要求，改革转型。建立与工程总承包相适应的组织机构和管理制度，形成项目设计、采购、施工，以及质量、安全、工期、造价、节约能源和生态环境保护管理等工程总承包综合管理能力，建设以项目为核心、以技术为支撑、以项目管理为手段的成熟的工程总承包管理体系。

本书以广西国际壮医医院项目工程总承包实践为例，深度分析和展示了医院的各阶段建设要点，分析EPC全过程存在的问题并提出了解决对策与建议，但仍有诸多工作还需进一步的研究和解决。

希望更多的同行、学者能参与到工程总承包业务探索中来，进行多角度、多层次的研究，不断总结出更先进的、更标准、更规范的EPC工程总承包管理方式和经验。

# 参考文献

［1］Kwaku A. Tenah. The Design-build Approach：An Overview[J]. Cost Engineering，2000（3）.

［2］Panamas，Bennett John. JCT contractor's design form of contract：a study in use[J]. Construction Management and Economics，1988（6）.

［3］钟毅.广西民用建筑领域工程总承包（EPC）的研究与应用[D].南宁：广西大学，2013.

［4］乔裕民，杨建中.工程总承包工作的回顾与展望[J].南水北调与水利科技，2005，3（4）：62-64.

［5］建设部.关于培育发展工程总承包和工程项目管理企业的指导意见（建市[2003]30号）.

［6］刘海峰.工程总承包模式应用研究[D].上海：同济大学，2008.

［7］丁世昭.工程项目管理[M].北京：中国建筑工业出版社，2006.

［8］成虎.工程项目管理[M].北京：中国建筑工业出版社，2001.

［9］中华人民共和国住房和城乡建设部.建设项目工程总承包管理规范（GB/T 50358—2017）[S].北京：中国建筑工业出版社，2017.

［10］刘克非，EPC工程总承包管理中设计的思考[J].轻金属，2008（08）：3-5.

［11］于仲鸣.项目设计与计划[M].天津：南开大学出版社，2007.

［12］卫健良，王晓阳，吴戈.EPC项目中的设计控制[J].化工建设工程，2004，26（3）：21-22.

［13］董小军，叶燕萍.EPC总承包管理模式下工程设计管理探析[J].大坝与安全，2015（2）：44-46.

［14］吴方明，李根社.施工项目进度管理[J].四川水力发电，2011，30（04）：50-52，87.

［15］付兆丰.EPC模式下HX储油库工程施工进度管理研究[D].北京：北京交通大学，2019.

［16］李建成.施工项目中的进度计划与控制研究[D].上海：上海交通大学，2006.

［17］陈正安.施工进度计划编制的探讨[J].中国新技术新产品，2010（04）：83.

［18］郭晓超.如何做好施工项目流程管理[J].北方经贸，2015（09）：200-201.

［19］李月华．对EPC模式的探讨分析及在我国推行的建议[J].建筑监理，2008（7）：39- 40.

［20］王宗祥．论EPC工程总承包的优势及运作模式[J].西安航空技术高等专科学校学报，2009，27（01）：28-31.